essentials liefern aktuelles Wissen in konzentrierter Form. Die Essenz dessen, worauf es als „State-of-the-Art" in der gegenwärtigen Fachdiskussion oder in der Praxis ankommt. *essentials* informieren schnell, unkompliziert und verständlich

- als Einführung in ein aktuelles Thema aus Ihrem Fachgebiet
- als Einstieg in ein für Sie noch unbekanntes Themenfeld
- als Einblick, um zum Thema mitreden zu können

Die Bücher in elektronischer und gedruckter Form bringen das Expertenwissen von Springer-Fachautoren kompakt zur Darstellung. Sie sind besonders für die Nutzung als eBook auf Tablet-PCs, eBook-Readern und Smartphones geeignet. *essentials:* Wissensbausteine aus den Wirtschafts, Sozial- und Geisteswissenschaften, aus Technik und Naturwissenschaften sowie aus Medizin, Psychologie und Gesundheitsberufen. Von renommierten Autoren aller Springer-Verlagsmarken.

Weitere Bände in der Reihe http://www.springer.com/series/13088

Andreas Gadatsch

Datenmodellierung

Einführung in die Entity-Relationship-Modellierung und das Relationenmodell

2., aktualisierte Auflage

Springer Vieweg

Andreas Gadatsch
FB01 Wirtschaftswissenschaften Sankt
Hochschule Bonn-Rhein-Sieg
Sankt Augustin, Deutschland

ISSN 2197-6708 ISSN 2197-6716 (electronic)
essentials
ISBN 978-3-658-25729-3 ISBN 978-3-658-25730-9 (eBook)
https://doi.org/10.1007/978-3-658-25730-9

Die Deutsche Nationalbibliothek verzeichnet diese Publikation in der Deutschen Nationalbibliografie; detaillierte bibliografische Daten sind im Internet über http://dnb.d-nb.de abrufbar.

Springer Vieweg

Springer Vieweg ist ein Imprint der eingetragenen Gesellschaft Springer Fachmedien Wiesbaden GmbH und ist ein Teil von Springer Nature
Die Anschrift der Gesellschaft ist: Abraham-Lincoln-Str. 46, 65189 Wiesbaden, Germany

Was Sie in diesem *essential* finden können

- Grundlagen zur Datenmodellierung,
- Kompakter Einstieg in das Entity Relationship Model (ERM) nach CHEN,
- Einführung in das Relationenmodell,
- ein durchgängiges Fallbeispiel,
- weitere Übungsaufgaben und Lösungen.

Vorwort zur 2. Auflage

Die erste Auflage dieses *essentials* ist erstaunlich gut von der Leserschaft aufgenommen worden. Einige Hinweise der Leserinnen und Leser hat der Autor zum Anlass genommen, eine überarbeitete Version mit Fehlerkorrekturen und Ergänzungen (z. B. Rekursive Relationen) zu veröffentlichen.

Sankt Augustin
März 2019

Andreas Gadatsch

Vorwort zur 1. Auflage

Die Datenmodellierung gehört häufig zum Stoffumfang einführender Lehrveranstaltungen zur Wirtschaftsinformatik für Betriebswirte. Die gängige Informatikliteratur ist für diese Zielgruppe häufig zu speziell, da sie sich an Informatiker richtet, die sich später mit der Entwicklung von datenbankbasierten Informationssystemen beschäftigen. Betriebswirte müssen vor allem wissen, wie Daten sinnvoll strukturiert und eingesetzt werden können, um z. B. als „Business Partner" oder „IT-Koordinator" den Brückenschlag zur Umsetzung zu organisieren. Hier gilt es ein grundlegendes Verständnis für die Datenmodellierung zu erlangen, bei dem auf Details verzichtet werden kann.

Das vorliegende *essential* versucht diese Lücke zu schließen und bietet eine *kompakte Einführung* in die Datenmodellierung für Betriebswirte. Es behandelt die wesentlichen Elemente der CHEN-Notation, welche als Grundlage vieler Notationen gilt. Das kompakte Werk versucht den Lesern das Konzept und auch den betriebswirtschaftlichen Nutzen der Datenmodellierung nahe zu bringen, damit sie später im Berufsleben, z. B. im Rahmen der Anforderungsanalyse mit Informatikern und Datenbankexperten, auf Augenhöhe agieren können.

Nicht alle Details können im Rahmen eines *essentials* behandelt werden. Daher verweist der Verfasser den interessierten Leser auf die jeweils angeführte Vertiefungsliteratur.

Der Verfasser dankt seinen studentischen Hilfskräften Frau Hannah Schiemann und Herrn Thomas Neifer für die konstruktive Hilfe bei der Qualitätssicherung des Manuskriptes. Außerdem gilt sein Dank Herrn Prof. Dr. Dirk Schreiber für wichtige Hinweise und Tipps. Fehler gehen stets zul Lasten des Autors. Verbesserungsvorschläge für weitere Auflagen sind ausdrücklich erwünscht unter andreas.gadatsch@h-brs.de.

Sankt Augustin
Juni 2017

Andreas Gadatsch

Inhaltsverzeichnis

Einführung in die Datenmodellierung 1

1.1 Daten

Daten prägen unser Leben
Jeder, der schon einmal im Internet etwas gekauft hat, kennt die Bedeutung von Daten. Bei einer Bestellung müssen der Name, die Anschrift und ggf. eine Bankverbindung angeben werden. Daneben werden die Bestelldaten im engeren Sinne (Artikel, Menge, Lieferort, Preise u. a.) erfasst. Selbst beim Barkauf im Supermarkt werden gelegentlich Daten für den Händler erzeugt, so z. B. durch die Abfrage der Postleitzahl. Diese Daten werden vom Informationssystem des Händlers verarbeitet und führen letztlich zur Lieferung, Rechnung und Abbuchung auf dem Konto des Bestellers. Besonders innovative Unternehmen analysieren ihre Kundendaten in Echtzeit und machen dem Kunden noch während des Kaufs für ihn evtl. infrage kommende Vorschläge.

Damit die Daten in Informationssystemen nicht mehrmals erfasst werden müssen (z. B. bei der Bestellung und nochmals bei der Bezahlung) und ggf. später nicht mehr konsistent sind (also nicht mehr zusammen passen), müssen sie strukturiert gespeichert werden. Mit dieser Problemstellung beschäftigt sich das vorliegende *essential.*

Daten – Informationen – Wissen
Die Begriffe „Daten", „Informationen" und „Wissen" werden umgangssprachlich oft synonym verwendet. Aus Sicht der Wirtschaftsinformatik müssen die Begriffe jedoch differenzierter betrachtet werden:

Daten sind Zeichen, die einer Syntax folgen (Zeichen, Ziffern), z. B. eine Liste mit Lagerbestandsmengen je Artikel.

A. Gadatsch, *Datenmodellierung,* essentials,
https://doi.org/10.1007/978-3-658-25730-9_1

Informationen sind Daten, denen vom Empfänger eine Bedeutung beigemessen wird (so ist z. B. ein Warenabsatz von 1000 EUR je Kunde bei einem Einzelhändler für Elektronikzubehör ein hoher Wert).

Von **Wissen** wird gesprochen, wenn die vorliegenden Informationen für Entscheidungen genutzt werden (z. B. Kunde Müller hat im letzten Monat für 3000 EUR Waren gekauft. Er ist demnach ein „guter" Kunde und muss sorgfältig betreut werden. Er erhält einen Rabattgutschein).

Diese Unterschiede lassen sich mit einem Beispiel aus dem Einzelhandel erklären (vgl. auch Abb. 1.1):

- Der Filialleiter einer Handelskette betrachtet eine sehr lange Liste mit den Tagesumsätzen (Artikelnummer, Artikelkurzbezeichnung, Einzelpreis, Menge) seiner Filiale. Er nimmt die Liste daher auch als reine „Datensammlung" wahr. Die Vielzahl der **Daten** hilft ihm daher in seiner Arbeit nicht weiter.
- Später erhält er von seinem Assistenten eine Aufbereitung der Umsätze (Sortierung der Liste nach prozentualem Anteil des Verkaufserlöses je Artikel vom Gesamterlös). Er ist nun in der Lage, **Informationen** wahrzunehmen (Trennung der wichtigen Artikel von den weniger wichtigen Artikeln).
- Nach weiterer sorgfältiger Analyse der Verkäufe werden Zusammenhänge zwischen Umsatzhöhe und Produktgruppe festgestellt, z. B. ein steigender Bierabsatz beim rabattierten Verkauf von Kinderpapierwindeln, wenn dieser samstags vormittags erfolgt. Der Filialleiter hat nun **Wissen** über das Verhalten seiner Kunden und kann gezielt Werbemaßnahmen und Preisfestsetzungen gestalten.

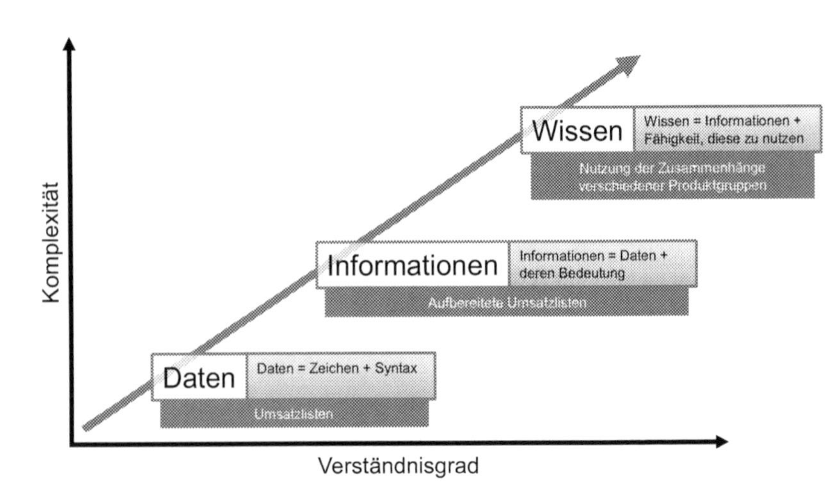

Abb. 1.1 Daten – Informationen – Wissen. (In Anlehnung an Grothe und Gensch 2000)

1.2 Modelle

Modellbegriff

Modelle vereinfachen den Blick auf die komplexe Realität. Als Beispiel hierzu soll die Planung einer Bahnfahrt ohne Ortskenntnisse angeführt werden, für die i. d. R. Hilfe erforderlich sein dürfte. Als Reisender wäre es beispielsweise möglich, Passanten nach dem Weg zu fragen. Als Alternative bietet sich ein Fahrplan an, also ein vereinfachtes Modell der Realität, welches sich auf das Ziel konzentriert, interessierten Benutzern die Navigation im Verkehrssystem zu ermöglichen.

In Abb. 1.2 ist ein Fahrplanauszug der Kölner Verkehrsbetriebe dargestellt, mit dem eine Bahnfahrt im Stadtgebiet geplant und durchgeführt werden kann. Dieses „Modell" erleichtert die Navigation, indem es sich auf die wesentlichen Aspekte konzentriert. Dies wären in diesem Kontext die beiden Fragen: „Wie komme ich von „A" nach „B"?" und „Welche Bahn muss ich nehmen?". Die Symbole des Modells „Fahrplan" sind normiert, so dass beliebige Nutzer verschiedener Altersgruppen ohne allzu große Vorkenntnisse damit arbeiten können.

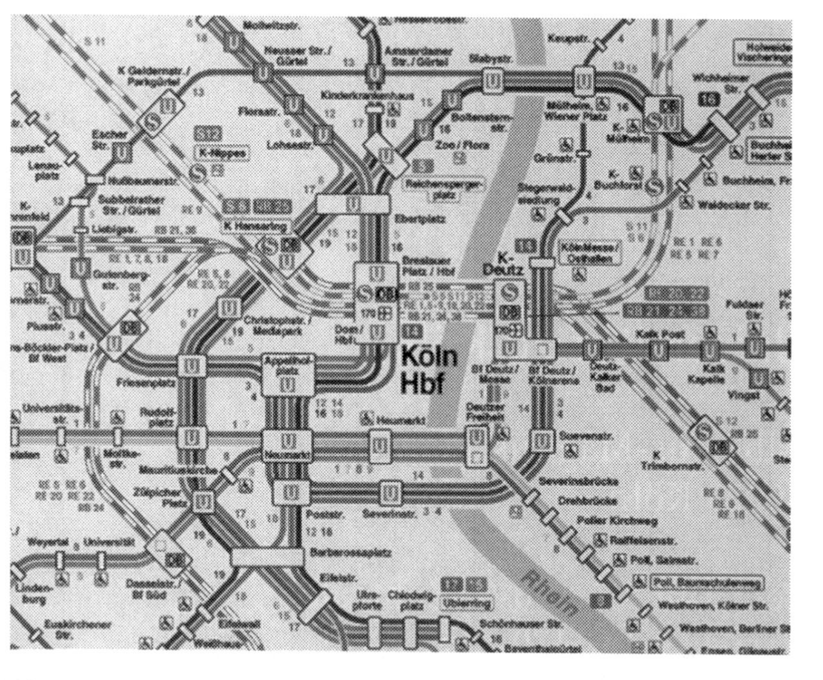

Abb. 1.2 Modell einer Bahnfahrt. (Bildquelle: Kölner Verkehrsbetriebe (Hrsg.), Stadt Köln)

1.3 Datenmodelle

Der Prozess der Strukturierung von Daten wird als „Datenmodellierung" bezeichnet und gilt als wichtige Kernaufgabe der Wirtschaftsinformatik. Der Grund liegt darin, dass alle Informationssysteme (z. B. eine Software zur Lohn- und Gehaltsabrechnung) Daten verarbeiten und diese dazu in einer sinnvollen Ordnung vorliegen müssen, damit deren Verarbeitung möglich ist.

▶ Datenmodellierung: Prozess zur Strukturierung von Daten.

Die Datenmodellierung muss dabei sehr sorgfältig durchgeführt werden, weil sie die Basis für die spätere Entwicklung (Programmierung) von Informationssystemen ist. Datenmodelle bilden in der Praxis die strukturelle Basis für die Anwendungsentwicklung durch Softwareentwickler. Sie können später, im Rahmen der Weiterentwicklung der Software (Wartung) als Informationsquelle genutzt werden, ähnlich einem Schaltplan für ein elektronisches System.

Ein typisches Szenario

- **Bestellung:** Der langjährige Kunde A. Müller bestellt beim Internetversandhaus „X-Versand" einen Fernseher auf Rechnung. Drei Tage später ruft er an, und gibt beim X-Versand seine umzugsbedingte neue Anschrift bekannt. Eine Woche später erhält er den Fernseher prompt an seine neue Anschrift geliefert. Bis dahin ist der Kunde Müller noch zufrieden.
- **Rechnung:** Die Rechnung geht jedoch an seine alte Anschrift. Bedauerlicherweise hatte Herr Müller keinen Nachsendeauftrag erteilt. Die Wohnung ist vakant und niemand entleert den Briefkasten. In der Umzugshektik denkt Herr Müller auch nicht mehr an die Rechnung.
- **Mahnung:** Vier Wochen später erhält der Kunde die erste Mahnung, leider ebenfalls an die alte Anschrift. Sechs Wochen später erhält der aus Sicht des Unternehmens nun „nicht mehr so zuverlässige" Kunde Müller die zweite Mahnung, ebenfalls an die alte Anschrift. Acht Wochen später leitet das Unternehmen das gerichtliche Mahnverfahren ein. Der Gerichtsvollzieher ermittelt die neue Anschrift von Herrn Müller, der natürlich stark verärgert ist.

Problematik

Was denken Sie, ist hier aus Sicht des Unternehmens schief gelaufen und welche „Daten" sind hier nicht korrekt verarbeitet worden? Offenbar wurden die Adressdaten (Lieferanschrift, Rechnungsanschrift) nicht identisch gespeichert bzw. aktualisiert. Eine mögliche Ursache kann darin liegen, dass die Liefer- bzw.

Rechnungsanschrift in Informationssystemen (Versand, Faktura) verwendet und an verschiedenen Orten gespeichert werden. Es kann aber auch sein, dass alle Programme einwandfrei arbeiten, aber das zugrunde liegende „Datenmodell" nicht der Realität entspricht.

Welchen Nutzen bieten Datenmodelle?
Die Modellierungstätigkeit verursacht Aufwand, der durch signifikante Nutzenaspekte kompensiert werden muss. Dieser resultiert aus der Transparenz über den betrachteten Realitätsausschnitt und die eingesetzte bzw. zu entwickelnde Software.

- **Reduktion Entwicklungsaufwand:** Datenmodelle reduzieren den Aufwand für die Wartung von Software, denn sie erhöhen die Transparenz des Programmcodes und helfen dem Softwareentwickler bei seiner Arbeit.
- **Reduktion Integrationsaufwand:** Beim Kauf von vorgefertigter Standardsoftware unterstützen Datenmodelle die Unternehmen bei der Integration der Software in die bereits bestehende Landschaft von Informationssystemen. Da i. d. R. Daten zwischen den bestehenden und neuen Systemen ausgetauscht werden müssen (z. B. Buchungsdaten vom Vertriebssystem zur Finanzsoftware), helfen die Modelle bei der Analyse der Zusammenhänge.
- **Verbesserung Akzeptanz:** Softwareentwickler und Mitarbeiter in einer Fachabteilung (z. B. Personalwesen) haben eine unterschiedliche Ausbildung, einen anderen Erfahrungshintergrund und nutzen eine spezifische Fachsprache. Modelle dienen der Verbesserung der Kommunikation zwischen diesen Personen im Rahmen der Anforderungsanalyse bei der Einführung oder Weiterentwicklung von Software. Durch die Einbindung der Mitarbeiter aus den Fachabteilungen in den Softwareentwicklungsprozess unterstützen sie die Akzeptanz von Softwarelösungen.
- **Reduktion Planungsaufwand:** Für Planungsfachkräfte in den IT-Abteilungen dienen Datenmodelle als Analyseinstrument für betriebliche Zusammenhänge. Mit ihrer Hilfe lässt sich nachvollziehen, welche Daten wo im Unternehmen entstehen, verändert und genutzt werden.

Welche betriebliche Daten gibt es?
Betriebliche Daten, also Tatsachen oder Fakten aus dem betrieblichen Kontext, können nach der Art der Entstehung im Unternehmen sowie der zeitlichen Dimension differenziert werden (vgl. Spitta und Bick 2008, S. 67 ff.). Die Abb. 1.3 beschreibt die Betrachtungsweise näher.

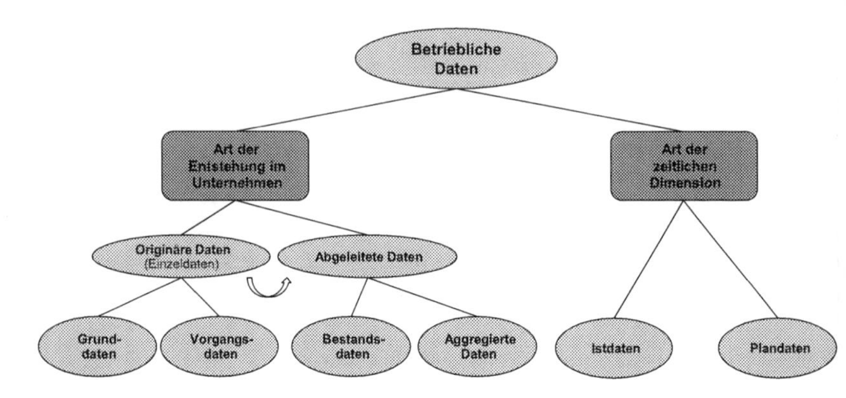

Abb. 1.3 Betriebliche Daten. (Nach Spitta und Bick 2008)

- *Unternehmensdaten* können originär entstehen (z. B. Artikeldaten) oder aus anderen Daten abgeleitet werden (z. B. Lagerbestände von Artikeln). Bei originären Daten wird in *Grund-* und *Vorgangsdaten* unterschieden.
- *Grunddaten* sind unabhängig von laufenden Geschäftsprozessen vorhanden (z. B. Artikeldaten) und werden eher selten geändert. Sie werden daher auch „Stammdaten" genannt. *Vorgangsdaten* entstehen in Geschäftsprozessen (z. B. Bestelldaten, wenn ein Kunde einen Auftrag erteilt). Vorgangsdaten werden auch „Bewegungsdaten" genannt.
- *Abgeleitete Daten* können Bestandsdaten oder aggregierte Daten sein. *Bestandsdaten* sind zeitpunktbezogene Betrachtungen von originären Daten, z. B. Lagerbestand, Kontensaldo. So ermittelt sich der Lagerbestand aus Zugang minus Abgang zum neuen Lagerbestand. *Aggregierte Daten* entstehen durch die Verdichtung oder Kombination originärer Daten, z. B. Monatsumsatz, Kosten eines Produktes für die Herstellung, Personalkosten je Monat.

Die Frage nach dem Betrachtungszeitpunkt von Daten führt zu *Ist- und Plandaten. Istdaten* sind (abgesehen von Korrekturen) nicht mehr veränderliche Ergebnisse der Vergangenheit, wie z. B. der Umsatz des Unternehmens im abgelaufenen Monat. *Plandaten* liegen in der Zukunft und unterliegen der Ungewissheit über ihr Eintreten (z. B. geplanter Umsatz für das nächste Jahr).

Datenmodellierung

Die Aufgabe der Datenmodellierung ist die strukturierte Beschreibung der in betrieblichen Geschäftsprozessen verwendeten Informationsobjekte. Beispielsweise kann hierunter eine Kundendatenbank, eine Kundenbestellung mit allen Bestellpositionen oder ein einzelnes Datenfeld (z. B. Bestellmenge) zu verstehen sein. Neben den Informationsobjekten werden die Beziehungen zwischen den Informationsobjekten beschrieben. Die Beziehungen können eindimensional sein (z. B. Jeder Kunde hat eine Anschrift, ein Artikel hat mehrere Einsatzmaterialien) oder wesentlich differenzierter ausfallen (z. B. Kunden bestellen Artikel, die auf bestimmten Maschinen in unterschiedlichen Ländern hergestellt wurden).

Erstellung von Fachkonzepten mit dem Entity-Relationship-Modell (ERM)

2

2.1 Grundlegende Elemente des ERM-Modells

2.1.1 Entitätstyp, Beziehung und Attribut

Die Kernelemente des 1976 von Peter Chen vorgestellten Entity-Relationship-Modells (kurz ERM, vgl. Chen 1976) umfassen drei grundlegende Elemente zur Beschreibung von Daten: Entitätstypen, (englisch: Entity-Typ) Beziehungen (englisch: Relationship) und Attribute (vgl. Abb. 2.1).

- **Entitätstypen (Entity-Typen)** repräsentieren Aspekte der realen Welt auf abstraktem Niveau, also z. B. die Gesamtheit aller Kunden oder Artikel. Ein konkreter Entitätstyp wäre dann ein bestimmter Kunde, der namentlich benannt werden kann oder ein bestimmbarer Artikel. Entitätstypen werden durch ein Rechteck beschrieben. Die Bezeichnung sollte im Plural erfolgen, da ein Entitätstyp (z. B. „Kunden" mehrere einzelne Entitäten (also konkrete Kunden) umfasst.
- **Beziehungstypen (Relationship)** beschreiben den Zusammenhang zwischen Entitätstypen. So können Kunden grundsätzlich verschiedene Artikel bestellen. Beziehungstypen werden durch eine Raute und Kanten zu den Entitätstypen repräsentiert. Die Leserichtung sollte grundsätzlich von links nach rechts ausfallen. Die Beschriftung erfolgt ebenfalls grundsätzlich im Plural.
- **Attribute** beschreiben Entitätstypen oder Beziehungstypen näher. So können Kunden über die Attribute „Kundennummer", „Name", „Postleitzahl", „Ort", „Straße", „Hausnummer", „Kundenklasse", „Rabattcode" u. a. näher beschrieben werden. Attribute können durch Intervalle (z. B. Kundenummer von [5000 bis 6999] oder Maßeinheit nur [kg/m/l]) näher eingegrenzt werden. Sie werden durch ein ovales Symbol gekennzeichnet.

A. Gadatsch, *Datenmodellierung*, essentials,
https://doi.org/10.1007/978-3-658-25730-9_2

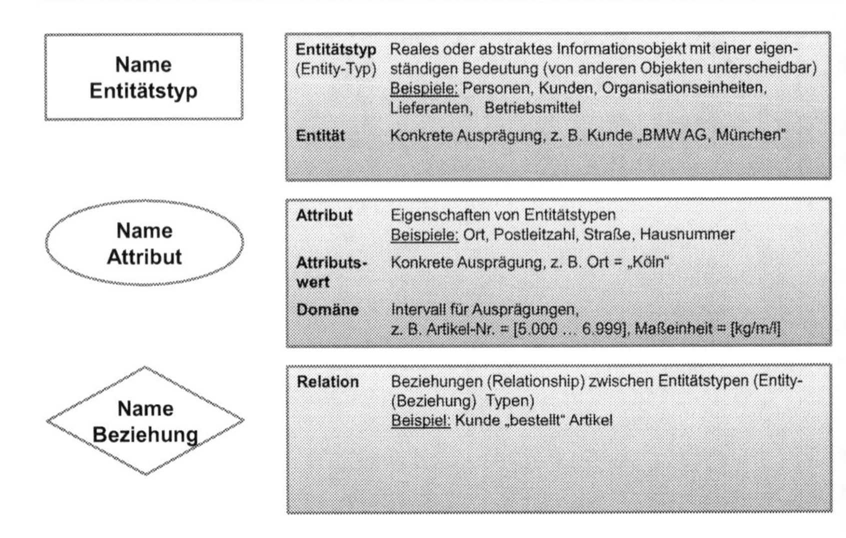

Abb. 2.1 Kernelemente des Entity-Relationship-Modells. (Nach Chen 1976)

- **Schlüsselattribut:** Ein Schlüsselattribut ist eine minimale Menge von Attributen, die eine Entität identifiziert. Hierbei kann es sich um ein oder mehreren Attribute handeln. Besteht ein Schlüssel aus nur einem Attribut, handelt es sich um einen „einfachen" Schlüssel, ansonsten um einen „zusammengesetzten" Schlüssel. Ein minimaler Schlüssel ist sehr einfach durch fortlaufende Nummerierung der Ausprägungen der Entitäten zu erzeugen. Da fortlaufende Nummern keine beschreibende Funktion wahrnehmen, werden sie auch als „künstliche" Schlüssel bezeichnet. Typische Beispiele sind „Kunden-Nr.", „Artikel-Nr." oder „Personal-Nr.". Schlüsselattribute werden zur Kennzeichnung durchgängig unterstrichen.

Das einfache ERM in Abb. 2.2 zeigt einen Ausschnitt aus der Personalwirtschaft. Demnach können Mitarbeiter mehrere Maschinen bedienen. Die von den Mitarbeitern geleistete Arbeitszeit in Stunden wird erfasst. Mit dem Modell kann also u. a. die Frage beantwortet werden, welcher Mitarbeiter wie lange an einer bestimmten Maschine gearbeitet hat.

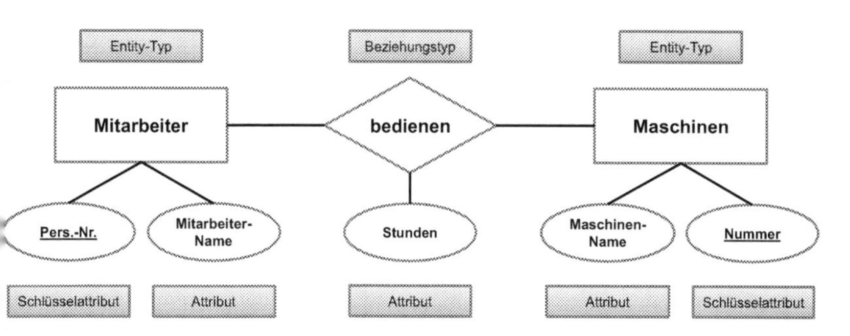

Abb. 2.2 Einfaches Modellierungsbeispiel mit der Chen-Notation

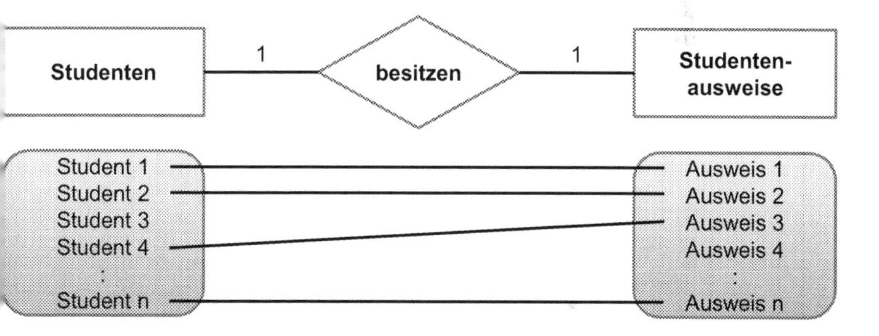

Abb. 2.3 1:1 Beziehungstyp

2.1.2 Kardinalitäten

Die Beziehungen zwischen Entitätstypen können einfacher oder komplexer Natur sein. Das ERM nach Chen kennt drei grundlegende Beziehungstypen, die durch geeignete Kardinalitäten dargestellt werden: „1:1-Beziehungstyp", „1:N Beziehungstyp" und den „M:N Beziehungstyp".

1:1 Beziehungstyp
Der in Abb. 2.3 dargestellte **1:1-Beziehungstyp** beschreibt Beziehungen zwischen Entitäten, die eine eindeutige Zuordnung erlauben. Dies bedeutet, dass ein *Student* nur einen *Studentenausweis* besitzen darf und andererseits ein Studentenausweis nur einer Person zugeordnet wird. Es ist jedoch nicht zwingend notwendig, dass ein Entity aus der Entitätsmenge *Student* zwingend einem Entity der Entitätsmenge

Studentenausweis zugeordnet wird. Dies kann z. B. dann der Fall sein, wenn der Antrag auf Immatrikulation noch nicht vollständig bearbeitet worden ist.

1:N-Beziehungstyp

Das in Abb. 2.4 modellierte Beispiel zeigt einen **1:N-Beziehungstyp.** Es handelt sich um die Beziehung zwischen den Entitätstypen *Student* und *Hochschule.* Demnach darf ein *Student* nur an einer *Hochschule* studieren, eine *Hochschule* kann aber mehrere *Studierende* haben. Die *Hochschule* D hat noch keine *Studierenden,* da sie sich z. B. noch in der Gründung befindet.

M:N-Beziehungstyp

Die Abb. 2.5 zeigt die **M-N-Beziehungen** zwischen den Entitätstypen *Student* und *Vorlesung.* Ein *Studierender* kann mehrere *Vorlesungen* besuchen, eine *Vorlesung* wird im Regelfall von mehreren *Studierenden* besucht. Es ist aber laut

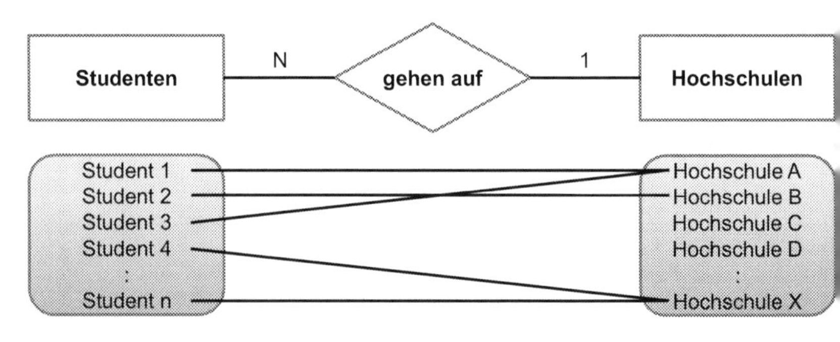

Abb. 2.4 1:N Beziehungstyp

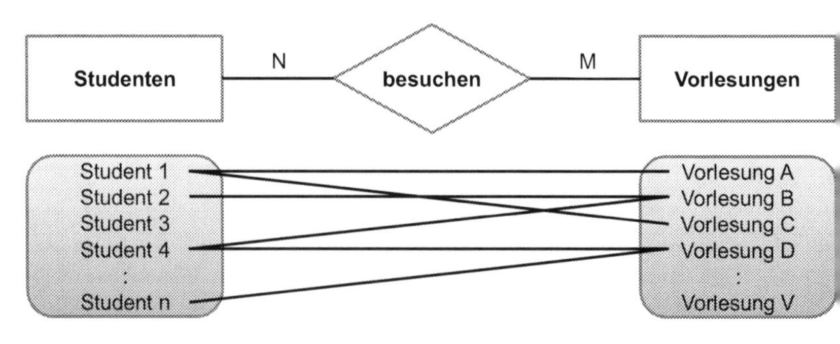

Abb. 2.5 N:M Beziehungstyp

Modell auch zulässig, dass ein *Student* keine *Vorlesungen* besucht (z. B. während eines Urlaubs- oder Auslandssemesters) oder sich für eine *Vorlesung* niemand anmeldet und sie daher ausfällt.

Übungsaufgabe: Modellieren Sie den Sachverhalt „Mitarbeiter arbeiten für Projekte" als ERM, einen Lösungsvorschlag hierzu finden Sie in Abb. 2.6:

- Ein Mitarbeiter hat einen Namen sowie einen Wohnort.
- Ein Mitarbeiter arbeitet in einer Abteilung.
- Ein Mitarbeiter arbeitet an mehreren Projekten.
- Die Zeit, die ein Mitarbeiter für ein Projekt arbeitet, soll erfasst werden.
- Eine Abteilung hat einen Namen.
- Ein Projekt besitzt eine Bezeichnung.
- In einer Abteilung sind mehrere Mitarbeiter beschäftigt.
- Für ein Projekt sind mehrere Mitarbeiter abgestellt.

2.1.3 Minimal-Kardinalitäten

Die bisher eingeführte Notation gibt nur Maximalkardinalitäten an, d. h. sie macht Aussagen darüber, mit wie vielen Entitys eines anderen Typen ein Entity

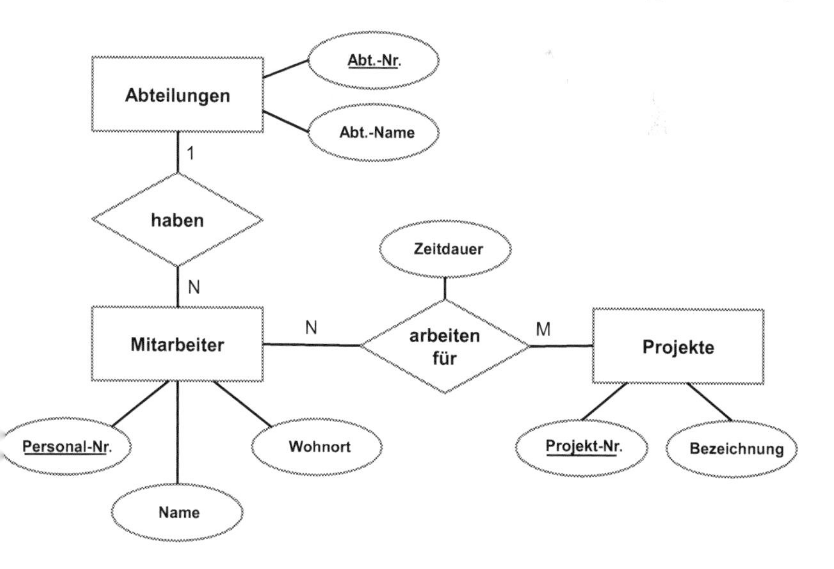

Abb. 2.6 Lösungsvorschlag zur Aufgabe „Mitarbeiter arbeiten für Projekte"

maximal in Beziehung stehen kann. Oft besteht der Wunsch, auch über die Minimalkardinalität Aussagen zu treffen. Minimalkardinalitäten geben an, ob ein Element eines Entitätstypen eine Beziehung zu mindestens einem anderen Entitätstypen eingehen muss (obligatorisch) oder nicht (optional). Im ersten Fall spricht man auch von Muss-Kardinalität, im zweiten Fall von Kann-Kardinalität. Die Darstellung erfolgt durch Verdoppelung der Kante bei dem Entitätstypen, der mindestens eine Beziehung eingehen muss (vgl. Entitätstyp E1 in Abb. 2.7). Alle dort dargestellten Entitätstypen K1, K2 und K3 der Entitätsmenge E1 haben mindestens eine Beziehung zu E2. In E2 dagegen gibt es z. B. das Entity A5, welches keine Beziehung zu E1 eingeht.

Der Sachverhalt soll anhand eines Beispiels verdeutlicht werden. Betrachtet wird das ERM-Ausgangsmodell „Hochschule“ in Abb. 2.8. Es entspricht der Beschreibung: „Studierende sind an einer Hochschule immatrikuliert“ und „Eine Hochschule hat mehrere Studierende“.

Wird das Modell zur Variante 1 verändert, ergibt sich folgende Beschreibung, die in Abb. 2.9 dargestellt wird: „Studierende sind an einer Hochschule immatrikuliert“ und „Eine Hochschule hat mehrere Studierende, mindestens jedoch einen Studierenden“.

Eine weitere mögliche Variante ergibt sich durch folgende Interpretation, die in Abb. 2.10 dargestellt wird: „Studierende sind an einer Hochschule immatrikuliert.

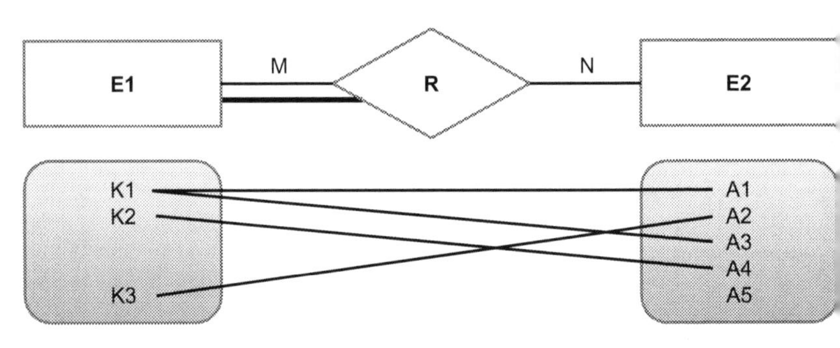

Abb. 2.7 Minimalkardinalitäten

Abb. 2.8 Minimalkardinalitäten – Ausgangsmodell „Hochschule“

Abb. 2.9 Minimalkardinalitäten – Variante 1 zu „Hochschule"

Abb. 2.10 Minimalkardinalitäten – Variante 2 zu „Hochschule"

Eine Person muss mindestens an einer Hochschule eingeschrieben sein, um den Status „Studierender" zu erhalten" und „Eine Hochschule hat mehrere Studierende".

2.1.4 Fallbeispiel „Autovermietung" Teil I

Eine Autovermietungsgesellschaft möchte ihren Fuhrpark besser kontrollieren und strebt hierfür den Einsatz eines Datenbanksystems an. Die Informationsbedarfsanalyse hat nach mehreren Interviews mit den Fach- und Führungskräften des Unternehmens den folgenden Sachverhalt ergeben:

- Die Gesellschaft verfügt über mehrere Filialen, für die eine eindeutig identifizierende Nummer, der Name des Inhabers, Anschrift, Vorwahl, Telefon- und Faxnummer erfasst werden sollen. In jeder Filiale arbeiten mehrere Angestellte, deren Personalnummer, Name, Anschrift, Vorwahl, Telefon und Monatslohn gespeichert werden sollen. Ein Angestellter arbeitet höchstens in einer Filiale. Es soll zusätzlich erfasst werden, seit wann er bei dieser Filiale beschäftigt ist.
- Die Autovermietungsgesellschaft verfügt über mehrere Fahrzeuge, die mit Kfz-Zeichen, Fahrgestell-Nummer, Baujahr und TÜV erfasst werden sollen. Jedes Fahrzeug ist von genau einem Fahrzeugtyp, mit eindeutigem Kürzel und Beschreibung. Es werden mehrere Fahrzeuge eines Typs gehalten. Die Fahrzeugtypen sind Tarifklassen zugeordnet, in denen Grundgebühr, Versicherung,

Freikilometer und Kilometersatz angegeben werden. Jeder Fahrzeugtyp ist in genau einer Tarifklasse. Einer Tarifklasse gehören mehrere Fahrzeugtypen an.
- Die Fahrzeuge können von mehreren Filialen angefordert werden. Eine Filiale kann mehrere Fahrzeuge anfordern. Für jedes angeforderte Fahrzeug werden der Termin und die Uhrzeit angegeben, zu dem das Fahrzeug bereitstehen muss, sowie die Dauer, für die es benötigt wird.

LÖSUNGSVORSCHLAG

1. Schritt: Identifikation Entitätstypen
Zunächst ist im 1. Schritt das Fallbeispiel nach Entitätstypen zu untersuchen. Hier kommen folgende Einträge in Betracht: Filialen, Angestellte, Fahrzeuge, Typen, Tarifklassen.

2. Schritt: Identifikation Beziehungstypen
Im zweiten Schritt müssen die Beziehungstypen identifiziert werden. Hierzu muss der Text nach möglichen Hinweisen auf Beziehungen zwischen den Entitäten untersucht und als erstes „Rohdiagramm" dargestellt werden (vgl. Abb. 2.11).

3. Schritt: Ergänzung Schlüsselattribute und Attribute
Im dritten Schritt müssen noch die Attribute bzw. Schlüsselattribute identifiziert und im ERM-Diagramm ergänzt werden. Aus den vollständigen Angaben lässt sich das in Abb. 2.12 dargestellte Entity-Relationship-Modell erstellen.

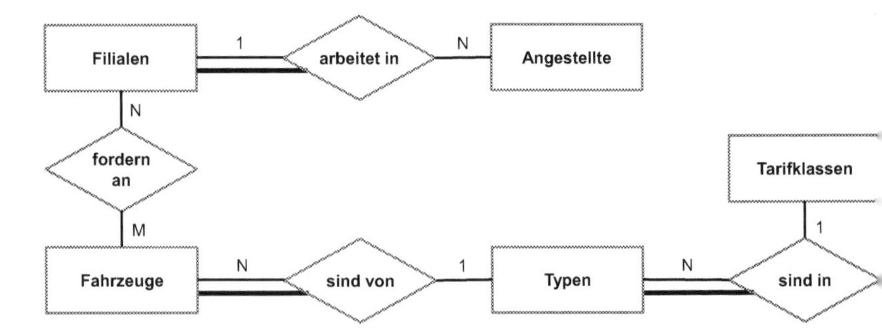

Abb. 2.11 ERM Autovermietung Rohdiagramm ohne Attribute

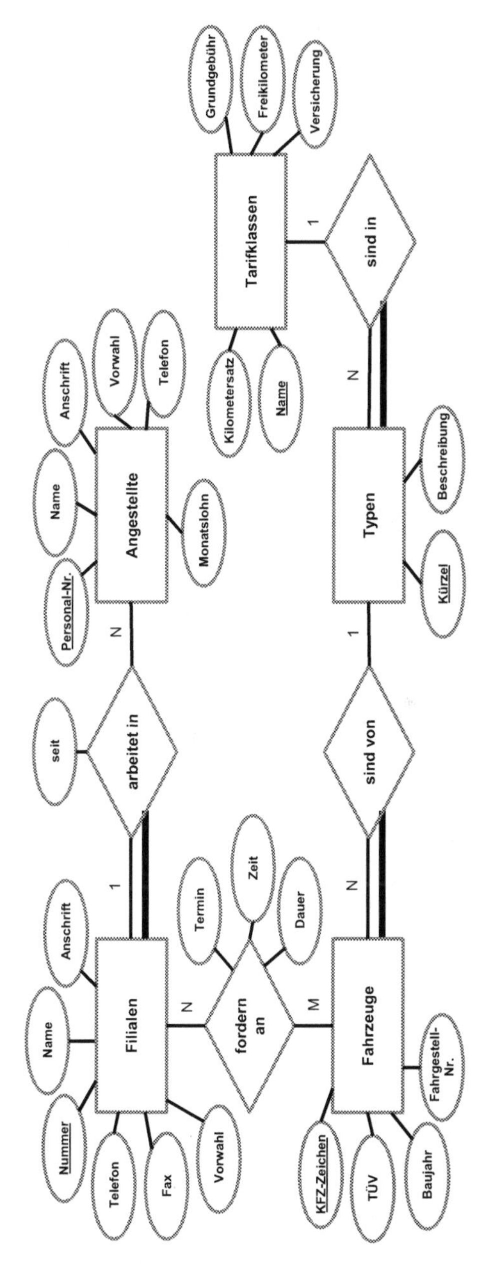

Abb. 2.12 CHEN Autovermietung – ERM Diagramm mit Attributen

2.2 Erweiterungen des ERM-Modells

Das erweiterte Entity-Relationship-Modell (eERM) enthält eine Reihe von Ergänzungen, die für die Abbildung realer Sachverhalte erforderlich sind:

- Generalisierung und Spezialisierung,
- zusammengesetzte Attribute,
- abgeleitete Attribute,
- mehrwertige Attribute,
- schwache Entitätstypen,
- ternäre Beziehungstypen (Beziehungstyp vom Grad 3),
- Uminterpretationen von Beziehungstypen zu Entitätstypen,
- Bildung von komplexen Objekten.

2.2.1 Generalisierung und Spezialisierung

Die Modellierungskonstrukte **„Generalisierung"** und **„Spezialisierung"** stellen besondere Beziehungstypen zur Strukturierung großer Datenstrukturen dar. Sie unterscheiden sich nicht im Ergebnis, sondern nur in der Betrachtungsweise.

Generalisierung
Bei der *Generalisierung* werden ähnliche Entitätsmengen zu einer übergreifenden Entitätsmenge zusammengefasst (vgl. Abb. 2.13). Das Konzept erlaubt es, gemeinsame Attribute von Entitätsmengen einer neuen übergeordneten Entitätsmenge zuzuordnen. Jedem Entity der spezialisierten Entitätsmenge entspricht ein Entity der generalisierten Entitätsmenge. Die übergeordnete Entitätsmenge wird als Generalisierungstyp (Supertyp) bezeichnet. Sie wird mit einer IS-A Beziehung mit den untergeordneten Spezialisierungstypen (Subtyp) verknüpft (vgl. Balzert 1996, S. 149). Die Identifikationsschlüssel der Generalisierungsbeziehung müssen identisch sein.

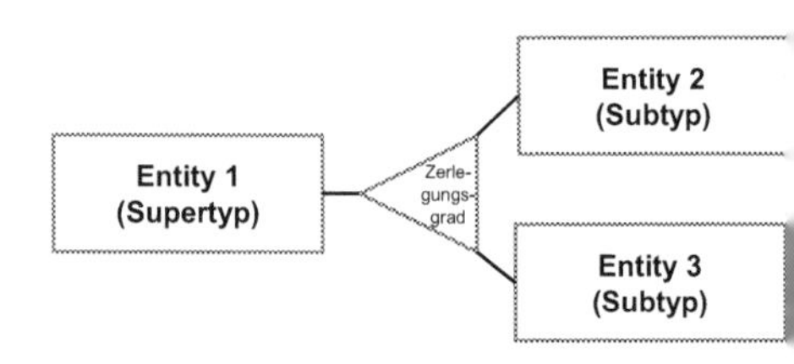

Abb. 2.13 eERM Generalisierung Grundprinzip

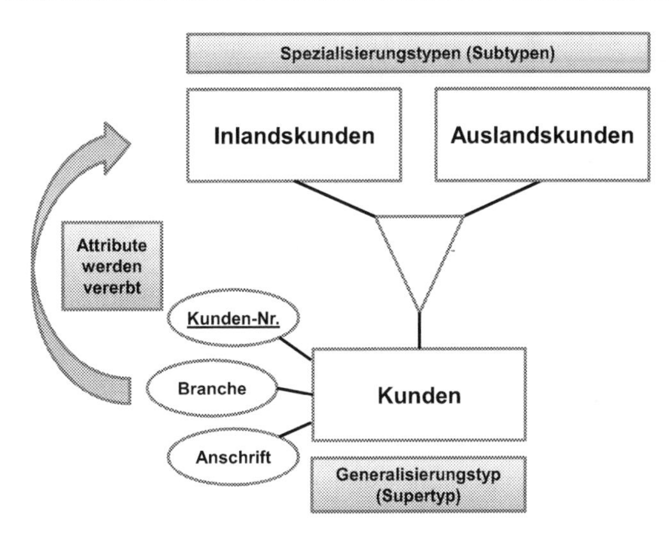

Abb. 2.14 eERM Generalisierung Beispiel

Der Vorteil dieser Vorgehensweise besteht darin, dass jeder Spezialisierungstyp vom Generalisierungstyp automatisch die gemeinsam verwendeten Attribute erbt (vgl. das Beispiel in Abb. 2.14).

Spezialisierung

Bei der *Spezialisierung* wird eine Entitätsmenge (Supertyp) in untergeordnete Entitätsmengen (Subtypen) zerlegt. Durch die Reduktion der Redundanzen wird der Modellierungsaufwand gesenkt. Gemeinsame Attribute werden auf den Supertyp verlagert. Jeder Spezialisierungstyp erbt vom Generalisierungstyp die gemeinsamen Attribute, so dass nur die Ergänzungen zu modellieren sind (vgl. das Beispiel in Abb. 2.15). Der Unterschied zur Generalisierung besteht darin, dass die Subtypen gegenüber dem Supertyp zusätzliche Attribute oder Beziehungen haben können.

Weitere Formen von Subtypen

Die zuvor beschriebenen Formen der Generalisierung bzw. Spezialisierung sind nur Grundformen. In der einschlägigen Datenbankliteratur werden präzisere

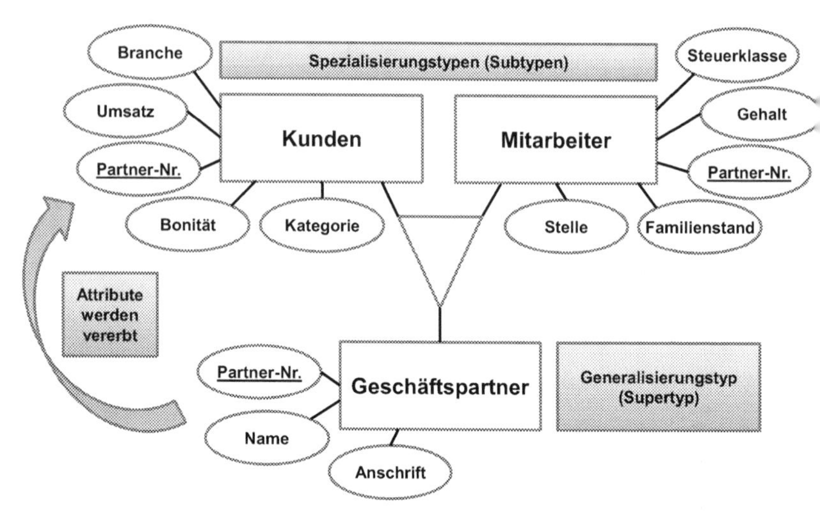

Abb. 2.15 Chen Erweiterungen Spezialisierung Beispiel

Unterscheidungen gemacht, die hier nicht weiter betrachtet werden. Wichtig Sonderformen sind:

- **Totale Spezialisierung:** Jede Ausprägung eines Supertyps entspricht mindestens einem Subtyp (Supertyp: Geschäftspartner; Subtypen: Bank, Lieferant Kunde, Mitarbeiter; ein „Geschäftspartner" muss mindestens einem Subtypen z. B. „Lieferant" zugeordnet sein.).
- **Disjunkte Spezialisierung:** Eine Ausprägung eines Supertyps kann nur einen Subtyp entsprechen (Supertyp: Mitarbeiter, Subtyp: Angestellter, Arbeiter Azubi; ein Mitarbeiter kann nur in einer der drei Rollen beschäftigt werden mehrfache Zuordnungen sind nicht möglich).
- **Überlappende Spezialisierung:** Jede Ausprägung eines Supertyps kann z mehreren Subtypen gehören (Supertyp: Geschäftspartner; Subtypen: Bank Lieferant, Kunde, Mitarbeiter; ein „Geschäftspartner" kann den Subtypen z. B. „Lieferant" und „Kunde" gleichzeitig zugeordnet sein).
- **Partielle Spezialisierung:** Nicht jede Ausprägung eines Supertyps muss einen Subtypen gehören (Supertyp: Dokument; Subtypen: Brief, Notiz, Email; ei „Dokument" muss nicht zwangsläufig einem Subtypen zugeordnet werden wenn z. B. beim Anlegen in der Datenbank noch nicht klar ist, ob das „Dokument" als „Brief" oder als „Email" verfasst werden soll).

Für weiterführende Ausführungen wird insbesondere auf Elmasri (2009) verwiesen.

2.2.2 Zusammengesetzte Attribute

Häufig setzen sich Attribute eines Entitätstyps aus mehreren Einzelattributen zusammen. Zusammengesetzte Attribute können eine mehrstufige Hierarchie bilden. Nicht mehr teilbare Attribute werden als einfache oder atomare Attribute bezeichnet (vgl. Elmasri und Navathe 2002, S. 69). Die Situation einer zweistufigen Hierarchie lässt sich wie in Abb. 2.16 dargestellt modellieren. Im vorliegenden Fall besteht das Attribut „Adresse“ aus den Attributen „Land“, „PLZ“, „Ort“, „Straße“ und „Hausnummer“.

2.2.3 Abgeleitete Attribute

Manche Attribute lassen sich indirekt aus anderen Werten ermitteln. Sie müssen also nicht zwingend in einer Datenbank gespeichert werden. Das Attribut „Alter“ eines Mitarbeiters lässt sich beispielsweise jederzeit aus dem Attribut „Geburtsdatum“ und dem aktuellen „Tagesdatum“ errechnen (vgl. Abb. 2.17). Es besteht also kein Grund, dieses Attribut in der Datenbank zu hinterlegen. Die Ableitungsvorschrift ist nicht Gegenstand des Datenmodells.

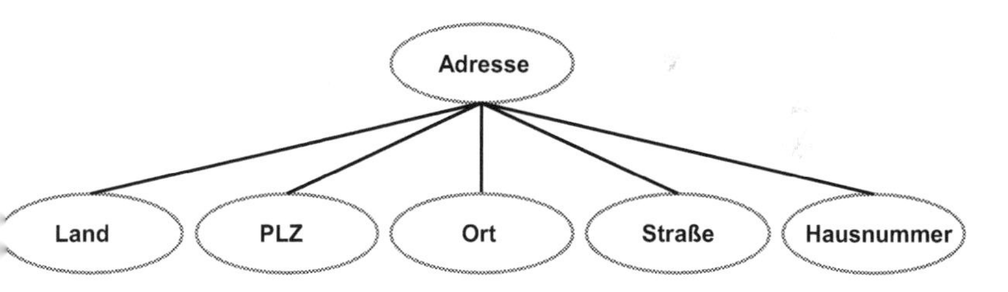

Abb. 2.16 Chen Erweiterungen Zusammengesetztes Attribut Beispiel

Abb. 2.17 Chen Erweiterungen Abgeleitetes Attribut Beispiel

Alter
abgeleitet aus
Geburtsdatum
Tagesdatum

In der Praxis kommt es häufig vor, dass abgeleitete Attribute aus Performancegründen, also um die Zugriffszeit zu verkürzen, dauerhaft gespeichert werden. So wird bei einem Rechnungs- oder Bestelldatensatz in der Regel auch die Rechnungssumme nebst allen Zwischensummen gespeichert, obwohl diese Werte aus den Positionseinzelwerten (Menge x Preis x Steuersatz ./. Rabatt) ermittelbar wären.

2.2.4 Mehrwertige Attribute

Üblicherweise weisen Attribute nur einen einzigen Wert für ein Entity zu einem bestimmten Zeitpunkt auf. Sie werden daher *einwertige Attribute* genannt. Das Alter einer Person ist zu einem bestimmten Zeitpunkt eindeutig (vgl. Elmasri und Navathe 2002, S. 69–70). Manche Attribute können jedoch mehrere Werte für die gleiche Entität zum gleichen Zeitpunkt annehmen, sie *werden mehrwertige Attribute* genannt. Das Attribut „Hochschulabschluss" eines Mitarbeiters kann die Werte „Bachelor", „Master" und „Doktor" annehmen. Ein anderer Mitarbeiter dagegen führt keine Hochschulabschlüsse. Es ist möglich Unter- und Obergrenzen (z. B. mindestens einen, maximal drei Abschlüsse) für mehrwertige Attribute anzugeben. Die Abb. 2.18 zeigt zwei Beispiele für mehrwertige Attribute mit der zugehörigen grafischen Darstellung.

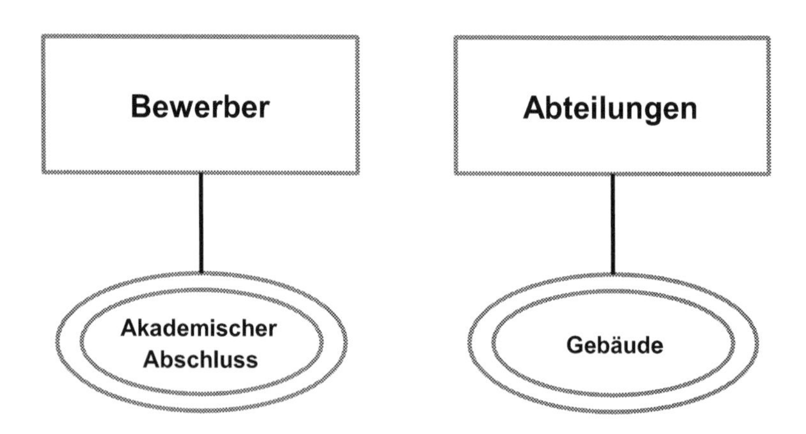

Abb. 2.18 Chen Erweiterungen Mehrwertiges Attribut Beispiel

- Ein Bewerber kann zu einem Zeitpunkt mehrere akademische Abschlüsse halten, z. B. einen Bachelor in Informatik und einen Master in BWL.
- Die Abteilung kann zu einem Zeitpunkt in einem oder mehreren Gebäuden untergebracht werden: Gebäude A, B oder C.
- Die Attribute „Akad. Abschluss" und „Gebäude" sind mit diesem Konstrukt nicht weiter beschreibbar.

Mehrwertige Attribute lassen sich auch als Beziehungen darstellen, allerdings ist der Modellierungsaufwand höher. So kann das mehrwertige Attribut „Gebäude" auch wie in Abb. 2.19 dargestellt, als ERM mit den beiden Entitys Abteilung und Gebäude modelliert werden.

2.2.5 Schwache Entitätstypen

„Normale" Entitätstypen mit eigenem Schlüssel werden auch *starke Entitätstypen* genannt. Entitätstypen ohne eigenen Schlüssel werden dagegen als *schwache Entitätstypen* bezeichnet (vgl. Elmasri und Navathe 2002, S. 81). Entitäten, die zu einem schwachen Entitätstypen gehören, lassen sich nur in Verbindung mit einem starken Entitätstypen identifizieren.

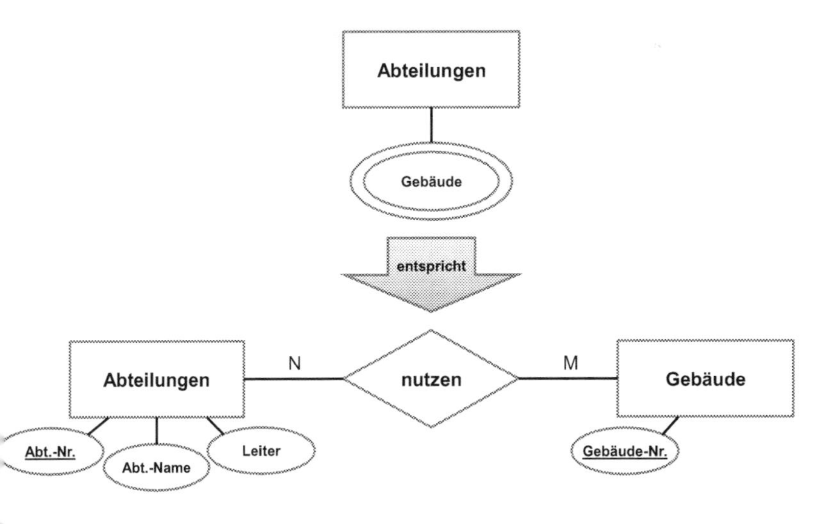

Abb. 2.19 Chen Erweiterungen Auflösung Mehrwertiges Attribut Beispiel

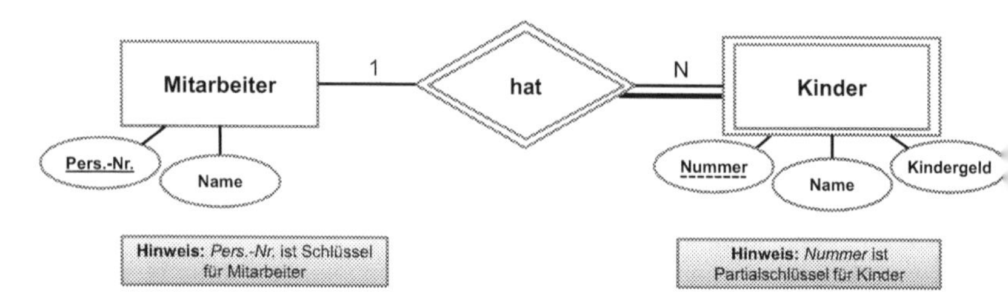

Abb. 2.20 Chen Erweiterungen Schwacher Entitiy-Typ Beispiel

Ein schwacher Entitätstyp kann also nur in Verbindung mit dem besitzenden Entitätstyp „existieren". Die Verknüpfung geschieht in der ERM-Modellierung durch einen speziellen **identifizierenden Beziehungstyp** (Raute mit Doppelkanten) Das ERM-Diagramm in Abb. 2.20 zeigt den starken Entitätstyp „Mitarbeiter" und den schwachen Entitätstyp „Kinder", die beide Bestandteil des ERM-Diagramms eines personalwirtschaftlichen Systems sind. Die **Kinder** eines **Mitarbeiters** (sie werden z. B. für Kindergeldzahlungen vom Arbeitgeber erfasst) können nicht für sich alleine als Ausprägung in der Personal-Datenbank enthalten sein, da sie keine Mitarbeiter des Unternehmens sind. Ein Kind hat also immer eine Beziehung zu einem Mitarbeiter, d. h. eine „zu 1"-Beziehung.

Ein weiteres Beispiel ist die *Auftragsposition* eines Fertigungsauftrages. Sie ist nur notwendig, wenn es hierzu auch eigenen zugehörigen Fertigungsauftrag (auch „Auftragskopf" genannt) gibt.

Hinweis: Schwache Entitäten werden gelöscht, wenn die zugehörigen besitzenden Entitäten gelöscht werden. Als Beispiel lässt sich das Ausscheiden eines Angestellten anführen, dessen Angehörige aus der Personaldatenbank gelöscht werden, wenn der Angestellte entfernt wird. Die schwachen Entitätstypen haben keinen „Existenzanspruch" ohne zugehörigen besitzenden Entitätstyp.

2.2.6 Ternäre Beziehungstypen

Ein Beziehungstyp, an dem mehr als zwei Entitätstypen beteiligt sind wird „ternärer Beziehungstyp" genannt. Das Beispiel in Abb. 2.21 beschreibt Dozenten die für Vorlesungen geeignete Literatur empfehlen.

Der ternäre Beziehungstyp lässt sich mit ähnlicher, jedoch nicht identischer Semantik in drei binäre Beziehungstypen auflösen – wie in Abb. 2.22 dargestellt - modellieren.

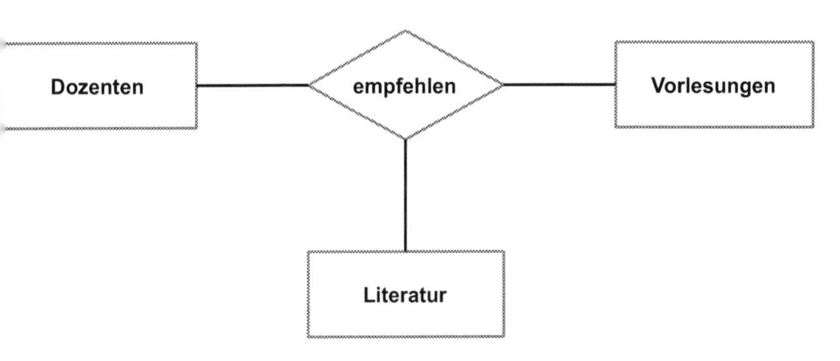

Abb. 2.21 Chen Erweiterungen Ternäre Beziehung Beispiel

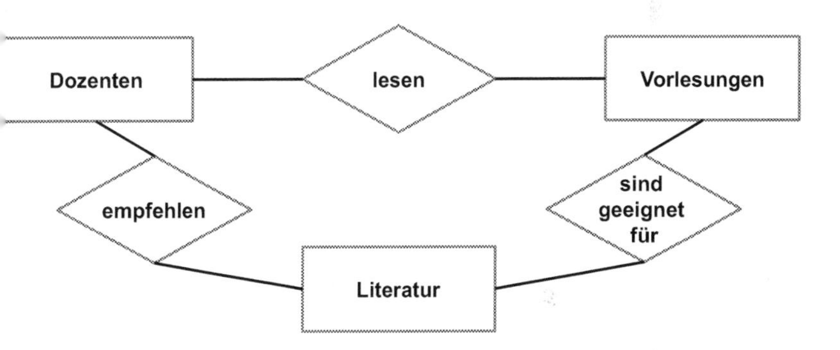

Abb. 2.22 Chen Erweiterungen ternär-ähnliche Beziehung

2.2.7 Uminterpretationen

Beziehungen können in speziellen Fällen auch gleichzeitig eine Entitätsmenge darstellen bzw. Entitäten können auch als Beziehungen interpretiert werden. In solchen Fällen wird von Uminterpretationen von Beziehungstypen bzw. Entitätstypen gesprochen. Ein uminterpretierter Entitätstyp ist ein Entitätstyp und ein Beziehungstyp zugleich. Die Darstellung erfolgt daher durch die Überlagerung beider Symbole (Rechteck und Raute, vgl. Abb. 2.23).

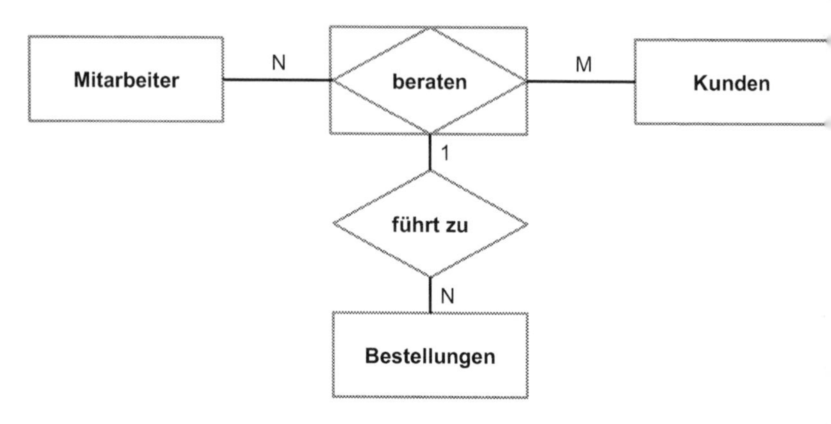

Abb. 2.23 Chen Erweiterungen Uminterpretation Beispiel

Das in Abb. 2.23 dargestellte ERM-Diagramm beschreibt die Uminterpretation des Beziehungstyps „berät". Als Beziehungstyp verbindet er die beiden Entitätstypen „Mitarbeiter" und „Kunde". Mitarbeiter beraten verschiedene Kunden bzw. Kunden werden von Mitarbeitern des Unternehmens beraten.

Als uminterpretierter Entitätstyp beschreibt er die Beziehung eines Beratungsvorgangs in Bezug auf eine Bestellung des Kunden. Ergebnis einer Beratung können keine, eine oder sogar mehrere Bestellungen des Kunden sein, je nach Beratungsergebnis.

2.2.8 Rekursionen

Ein rekursiver Beziehungstyp bildet Beziehungen zwischen gleichartigen Entitätstypen ab. Ein häufiger Anwendungsfall in der Praxis ist die „Stückliste", welche Beziehungen von Teilen beschreibt. Ein Teil (Oberteil) kann aus mehreren anderen Teilen (Unterteil) bestehen. Ein Teil (Unterteil) kann in mehreren anderen Teilen (Oberteil) verwendet werden (vgl. Abb. 2.24).

Ein weiteres Beispiel ist die „Hierarchie". Hier werden z. B. verschiedene Rollen von Mitarbeitern unterschieden. Es gibt Mitarbeiter als „Untergebene", die von anderen Mitarbeitern als „Vorgesetzte" geführt werden. Um den Sachverhalt genauer beschreiben zu können, werden Rollen (hier „Untergebener", „Vorgesetzter" bzw. „Endprodukt", „Teilprodukt") an die Kanten der Beziehungen annotiert (vgl. Abb. 2.24).

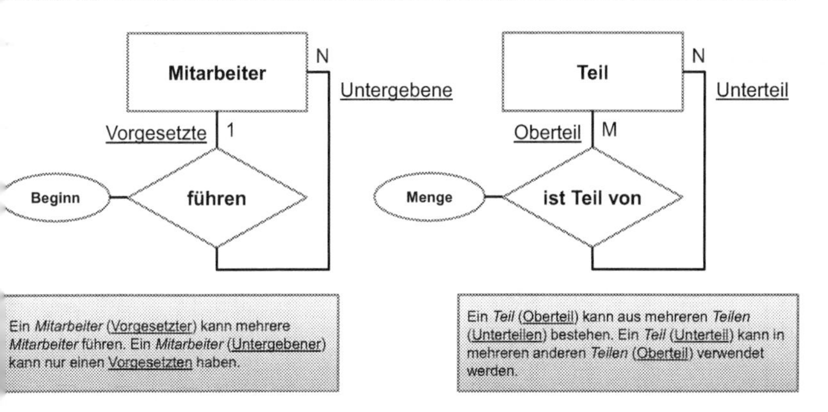

Abb. 2.24 Chen Erweiterungen Rekursive Beziehungen Beispiel

2.2.9 Fallbeispiel „Autovermietung" Teil II

Die Autovermietungsgesellschaft hat mit dem ersten Teil des Entity-Relationship-Modells nur einen Teil der Anforderungen abdecken können. Aus diesem Grund wurde die Informationsbedarfsanalyse vertieft. Sie hat weitere Sachverhalte identifiziert, die ebenfalls im ERM berücksichtigt werden sollen:

- Fahrzeuge können Transporter oder PKWs sein. Ein PKW wird durch die Zahl der Sitzplätze näher beschrieben und kann über mehrere Zusatzausstattungen (z. B. CD-Player, elektrisches Schiebedach, Autotelefon, etc.) verfügen. Ein Transporter wird durch sein Transportvolumen zusätzlich beschrieben.
- Kunden werden mit Kundennummer, Name, Anschrift, Vorwahl und Telefon erfasst. Zu jedem Kunden können mehrere Fahrer eingetragen werden, die für jeden Kunden fortlaufend eindeutig nummeriert und mit Führerscheinnummer und -datum zusätzlich beschrieben werden.
- Die Namen der Filialinhaber, Angestellten und Kunden setzen sich aus Vor- und Nachnamen, die Anschriften aus Straße, Postleitzahl und Ort zusammen.
- Der Mietvertrag wird zwischen Filiale und Kunden über einen Fahrzeugtyp geschlossen. Eine Filiale kann mit einem Kunden Verträge über mehrere Fahrzeugtypen abschließen. Es werden mit mehreren Kunden und von Kunden mit mehreren Filialen Verträge geschlossen. Dabei werden Abschlussdatum, Übergabedatum und -uhrzeit, geplante Kilometerzahl sowie geplantes Rückgabedatum und geplante Uhrzeit vereinbart. Abrechnungen können für mehrere

Mietverträge gemeinsam erstellt werden. Es soll jedoch keine Abrechnung geben, die sich nicht auf mindestens einen Mietvertrag bezieht. Abrechnungen beinhalten Abrechnungsnummer, Datum, Anfangs- und Endkilometerstand sowie den Endbetrag, der sich aus der Differenz unter Abzug der Freikilometer und Berücksichtigung des Kilometersatzes ergibt.

Anknüpfend an die bisherige Lösung des Fallbeispiels in Abb. 2.12 können die Erweiterungen des ERM-Konzeptes eingearbeitet werden.

4. Schritt: Ergänzung Spezialisierung, mehrwertige Attribute
Im 4. Schritt sind Generalisierungen/Spezialisierungen und mehrwertige Attribute zu identifizieren. Im Aufgabentext finden sich die Hinweise: „Fahrzeuge können Transporter oder PKWs sein. Die PKWs können über mehrere Zusatzausstattungen (z. B. CD-Player, elektrisches Schiebedach, Autotelefon, etc.) verfügen." Mit diesen Angaben kann das ERM erweitert werden (vgl. Abb. 2.25).

5. Schritt: Modellerweiterung um Entitätsmengen und Beziehungen
Im nächsten Schritt müssen hinzugekommene Entitäten (Kunde, Fahrer, Mietvertrag) und Beziehungstypen ergänzt werden.

- Kunden werden mit Kundennummer, Name, Anschrift, Vorwahl und Telefon erfasst. Zu jedem Kunden können mehrere Fahrer eingetragen werden, die für jeden Kunden fortlaufend eindeutig nummeriert und mit Führerscheinnummer und -datum zusätzlich beschrieben werden.
- Die Namen der Filialinhaber, Angestellten und Kunden setzen sich aus Vor- und Nachnamen, die Anschriften aus Straße, Postleitzahl und Ort zusammen.
- Der Mietvertrag wird zwischen Filiale und Kunden über einen Fahrzeugtyp geschlossen. Eine Filiale kann mit einem Kunden Verträge über mehrere Fahrzeugtypen abschließen. Es werden mit mehreren Kunden und von Kunden mit mehreren Filialen Verträge geschlossen. Dabei werden Abschlussdatum, Übergabedatum und -uhrzeit sowie geplantes Rückgabedatum und Uhrzeit vereinbart.

Diese Entitys und Beziehungen sind im ERM-Ausschnitt in der Abb. 2.26 dargestellt.

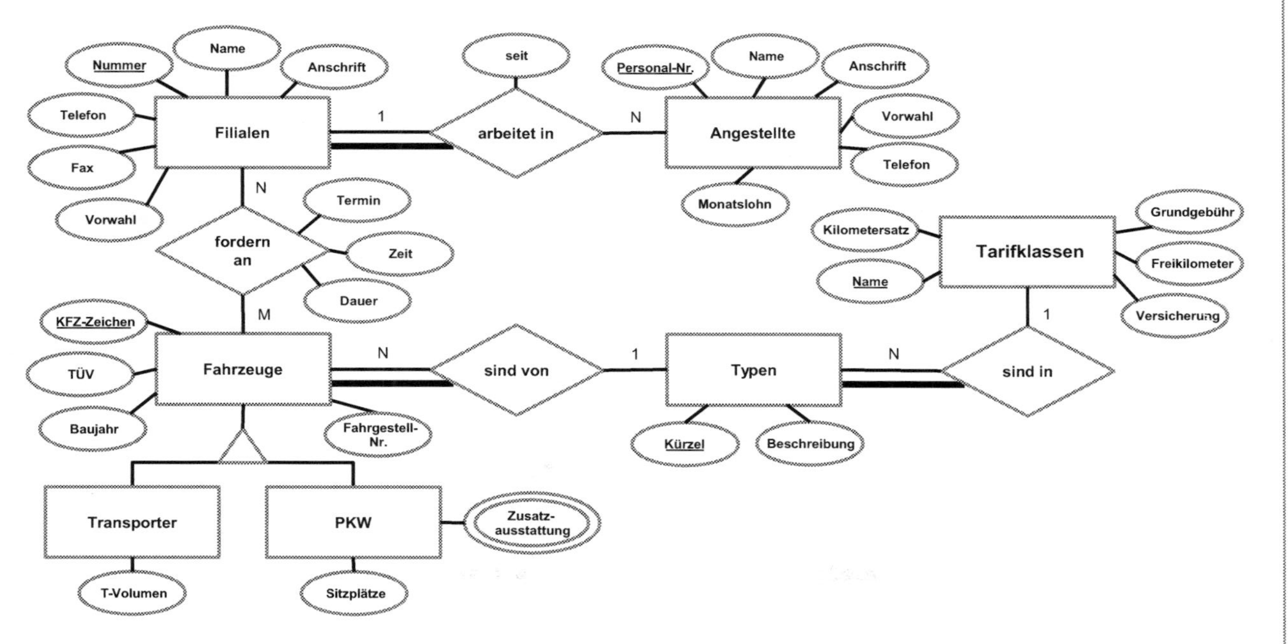

Abb. 2.25 erweitertes ERM Autovermietung (Teil 2)

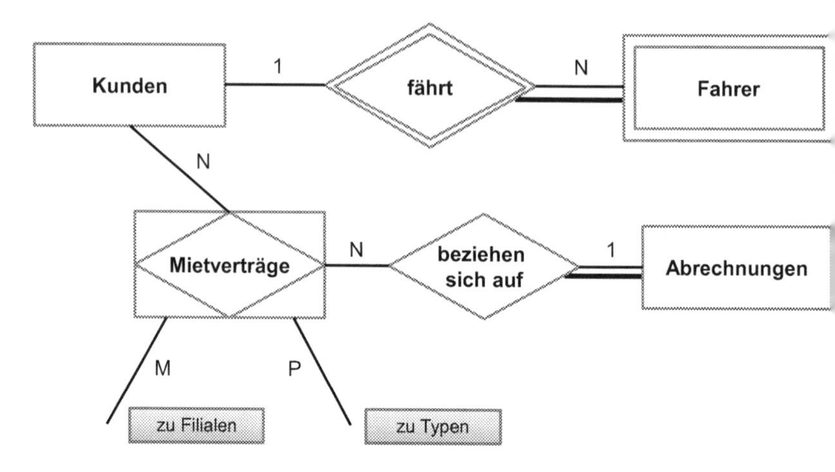

Abb. 2.26 erweitertes ERM Autovermietung (Teil 2) Auszug zusätzlicher Entitäten und Beziehungen

6. Schritt: Erweiterung um Attribute/Schlüsselattribute

Abschließend sind noch folgende Attribute zu ergänzen (vgl. Abb. 2.27):

- Kunden werden mit Kundennummer, Name, Anschrift, Vorwahl und Telefon erfasst. Zu jedem Kunden können mehrere Fahrer eingetragen werden, die für jeden Kunden fortlaufend eindeutig nummeriert und mit Führerscheinnummer und -datum zusätzlich beschrieben werden.
- Die Namen der Filialinhaber, Angestellten und Kunden setzen sich aus Vor- und Nachnamen, die Anschriften aus Straße, Postleitzahl und Ort zusammen.
- Der Mietvertrag wird zwischen Filiale und Kunden über einen Fahrzeugtyp geschlossen. Eine Filiale kann mit einem Kunden Verträge über mehrere Fahrzeugtypen abschließen. Es werden mit mehreren Kunden und von Kunden mit mehreren Filialen Verträge geschlossen. Dabei werden Abschlussdatum, Übergabedatum und -uhrzeit, sowie geplantes Rückgabedatum und geplante Uhrzeit vereinbart. Abrechnungen können für mehrere Mietverträge gemeinsam erstellt werden. Es soll jedoch keine Abrechnung geben, die sich nicht auf mindestens einen Mietvertrag bezieht. Abrechnungen beinhalten Abrechnungsnummer, Datum, Anfangs- und Endkilometerstand sowie den Endbetrag, der sich aus der Differenz unter Abzug der Freikilometer und Berücksichtigung des Kilometersatzes ergibt.

In Abb. 2.28 ist das vollständige ERM des Fallbeispiels „Autovermietung“ dargestellt

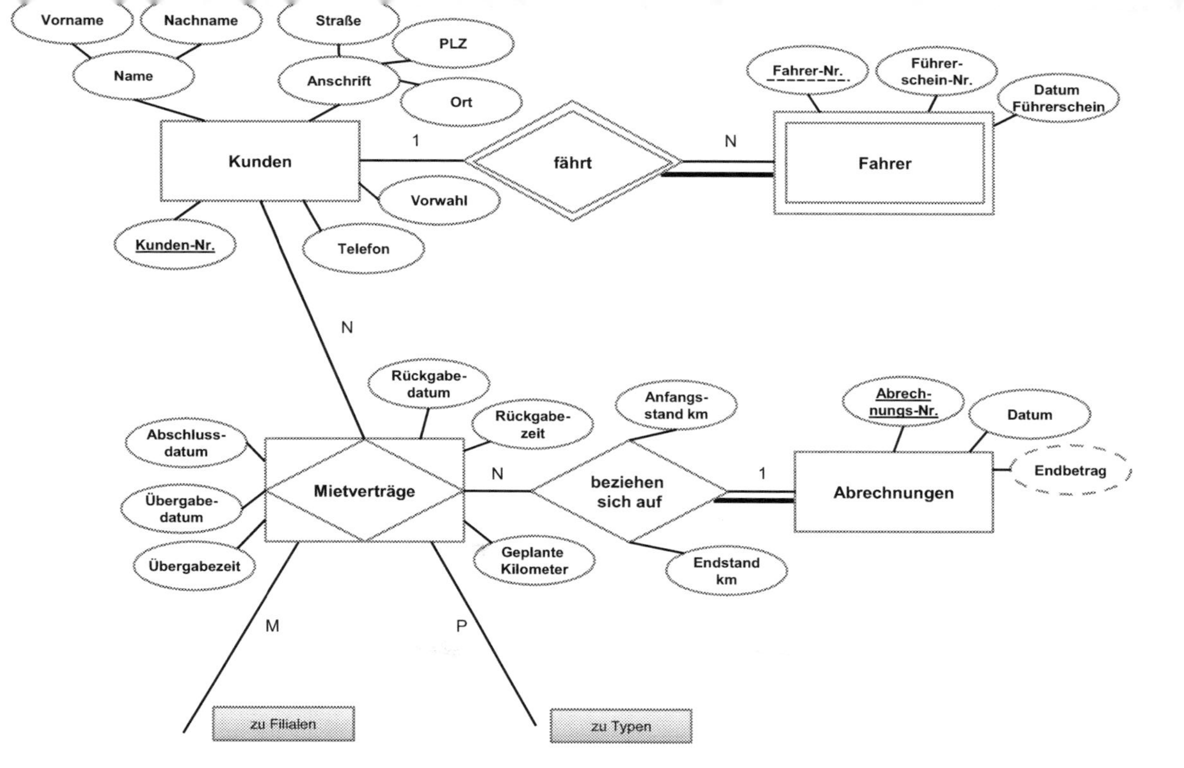

Abb. 2.27 erweitertes ERM Autovermietung (Teil 2) Auszug mit Attributen

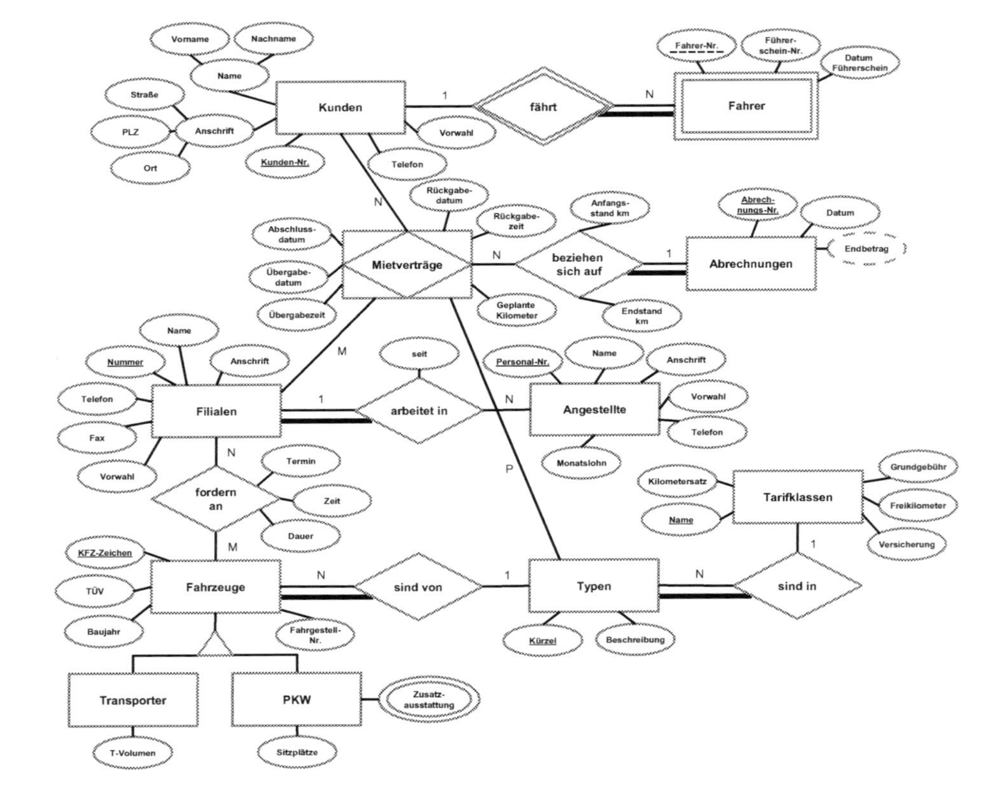

Abb. 2.28 erweitertes ERM Autovermietung (Teil 2) Vollständiges Beispiel

2.3 Alternative ERM-Notationen

Das Entity-Relationship-Modell wurde ursprünglich von CHEN (1976) eingeführt. Neben der hier vorgestellten auf CHEN aufbauenden Notation (vgl. Elmasri und Navathe 2002) wurden weitere Ansätze entwickelt, die Unterschiede in der Darstellung und Interpretation der Kardinalitäten aufweisen (vgl. z. B. Kleuker 2006, S. 46). In der Abb. 2.29 sind einige Alternativen aufgeführt, die aus Platzgründen nicht weiter vertieft werden können.

Min-Max-Notation versus CHEN

Am Beispiel der häufig in der Praxis genutzten „Min-Max-Notation" sollen die Unterschiede zur CHEN-Notation aufgezeigt werden (vgl. Abb. 2.30). Grundsätzlich wird neben den veränderten Symbolen für die Ausprägung der Kardinalitäten [(0,1) für „1" oder (0,*) für „N")] eine andere Leserichtung verwendet. Dies lässt sich am „1:N-Beispiel" in Abb. 2.30. zeigen. Das CHEN-Modell sagt aus: Eine Entität des Entitätstyps „Hochschule" kann „N" (also keine, eine oder mehrere) Entitäten des Entitätstyps „Studierende" betreuen. Kurz formuliert: Eine Hochschule betreut keinen, einen oder mehrere Studierende.

Bei der Min-Max-Notation hat der am Entitätstyp „Hochschulen" annotierte Eintrag „(0,*)" den gleichen Informationsgehalt. Die Minimalkardinalität lässt sich bei dieser Notation einfach durch die Untergrenze „1" darstellen, also z. B. „(1,1)" oder „(1,N)". Im Beispiel „Dozent liest Lehrveranstaltung" hat eine Lehrveranstaltung immer genau einen zugeordneten Dozenten. Es gibt keine Lehrveranstaltung ohne einen Dozenten. Dies wird in der CHEN-Notation durch eine

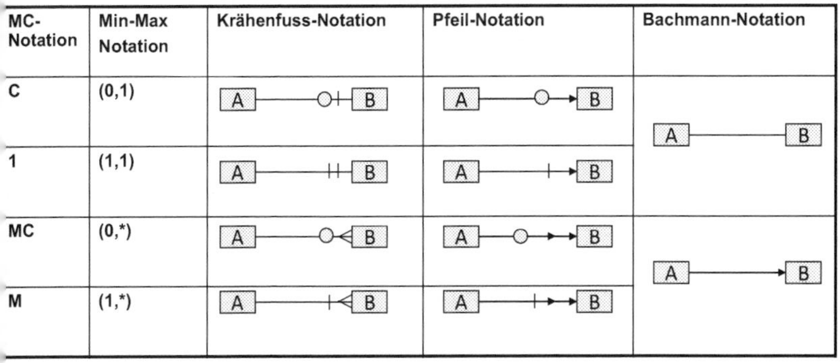

MC-Notation	Min-Max Notation	Krähenfuss-Notation	Pfeil-Notation	Bachmann-Notation
C	(0,1)	A B	A B	A B
1	(1,1)	A B	A B	
MC	(0,*)	A B	A B	A B
M	(1,*)	A B	A B	

Abb. 2.29 Alternative ERM-Notationen. (Balzert 2001, S. 226)

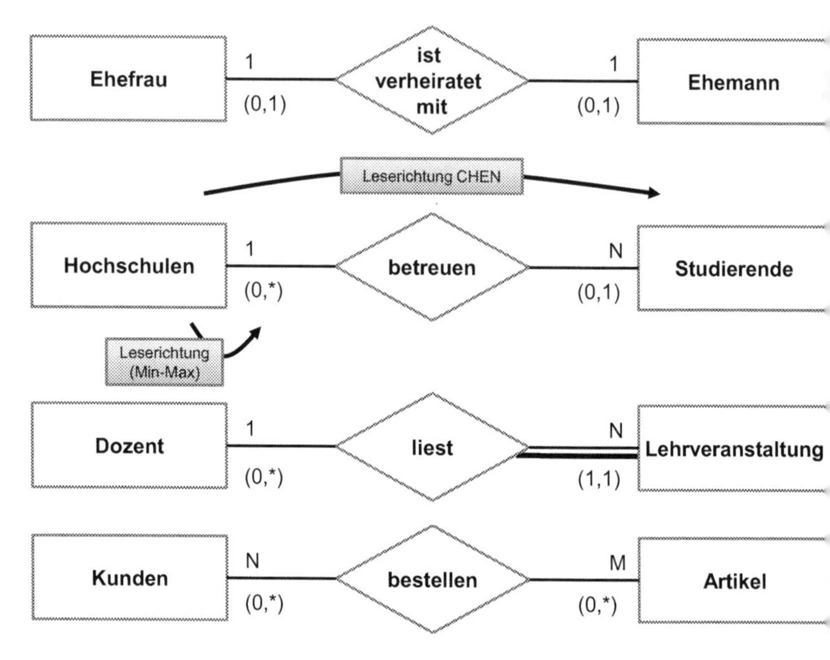

Abb. 2.30 Alternative ERM-Notationen: Vergleich CHEN und min:max Notation

Minimalkardinalität beim Entitätstyp „Lehrveranstaltung" ausgedrückt. Bei der „Min-Max-Notation" wird es durch die Kardinalität „(1,1)" beschrieben.

Ein weiterer Unterschied der „Min-Max-Notation" liegt in der einfachen Möglichkeit beliebige Mengen zu definieren. So kann die Beziehung „Ein Auto hat vier Räder" durch die Kardinalität (1,4) einfach ausgedrückt werden".

SERM

In der Praxis konnte sich keine der genannten Notationen alleine durchsetzen. Der Walldorfer Anbieter für Unternehmenssoftware SAP AG hat zur Unterstützung der Implementierung seiner Softwarelösungen eine eigene Variante zur Modellierung der Datenmodelle entwickelt, das „SAP Structured Entity Relationship Model", kurz „SERM" (vgl. Seubert et al. 1994). SERM unterstützt vor allem die Entwicklung komplexer Datenmodelle, die bei der Entwicklung von großen Standardsoftwarepaketen zwangsläufig anfallen. Zusätzliche Modellierungselemente erlauben z. B. die Modellierung von Modellhierarchien.

3 Erstellung von IT-Konzepten mit dem relationalen Datenmodell

3.1 Grundbegriffe des relationalen Datenbankmodells

Das bis in die heutige Zeit wichtige relationale Datenmodell wurde vom IBM-Mitarbeiter Edgar F. Codd entwickelt, um die verteilte Datenhaltung zu verbessern (Codd 1970). Der mithilfe des ERM fachlich beschriebene Problembereich wird weiter verfeinert, um hieraus Tabellen zu erhalten.

Relation, Tupel, Kolonne, Spalte, Identifikationsschlüssel
Eine Relation ist eine Menge von Tupeln. Ein Tupel ist eine Liste von Werten. Eine Relation hat einen eindeutigen Namen, 0 bis n Tupel und 1 bis m Kolonnen. Die Kolonnen (Spalten) entsprechen den Attributen des ER-Modells. Der Identifikationsschlüssel wird durch Unterstreichen gekennzeichnet (vgl. Abb. 3.1).

Gemeinsamkeiten zwischen dem relationalen Modell und dem ERM
Das relationale Modell weist Parallelen zum ER-Modell auf. Die „Relation" (relationales Modell) ist das Pendant zum Konstrukt „Entity-Typ" (ERM). Die „Tupel" einer „Relation" entsprechen den „Entitys" des zugehörigen „Entity-Typs". Für das Konstrukt „Beziehungstyp" existiert allerdings keine direkte Abbildungsmöglichkeit (vgl. Abb. 3.2).

Schlüsselbegriffe
Von besonderer Bedeutung sind die beiden Schlüsselbegriffe „Primärschlüssel" und „Fremdschlüssel". Der Identifikationsschlüssel einer Relation wird auch Primärschlüssel genannt. Jede Relation hat mindestens einen Primärschlüssel. Der Fremdschlüssel ist ein Attribut einer Relation, der in einer anderen Tabelle Primärschlüssel ist. Der Fremdschlüssel „Kunden_Gruppe" der „R.Kunde" verweist auf die Relation „R.Statistik" und ist dort „Primärschlüssel" (vgl. Abb. 3.3).

A. Gadatsch, *Datenmodellierung,* essentials,
https://doi.org/10.1007/978-3-658-25730-9_3

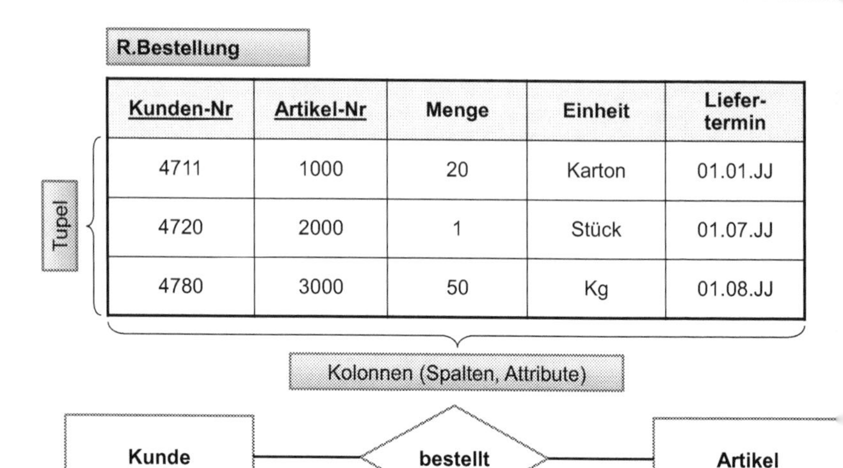

Kunden-Nr	Artikel-Nr	Menge	Einheit	Liefer-termin
4711	1000	20	Karton	01.01.JJ
4720	2000	1	Stück	01.07.JJ
4780	3000	50	Kg	01.08.JJ

Abb. 3.1 Relationales Modell: Grundelemente

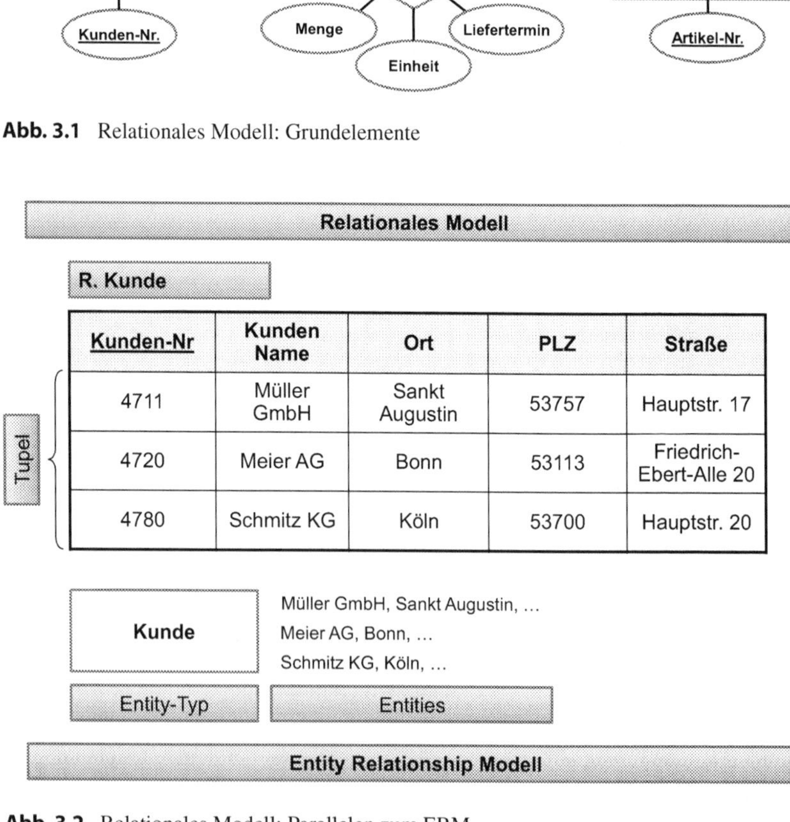

Kunden-Nr	Kunden Name	Ort	PLZ	Straße
4711	Müller GmbH	Sankt Augustin	53757	Hauptstr. 17
4720	Meier AG	Bonn	53113	Friedrich-Ebert-Alle 20
4780	Schmitz KG	Köln	53700	Hauptstr. 20

Abb. 3.2 Relationales Modell: Parallelen zum ERM

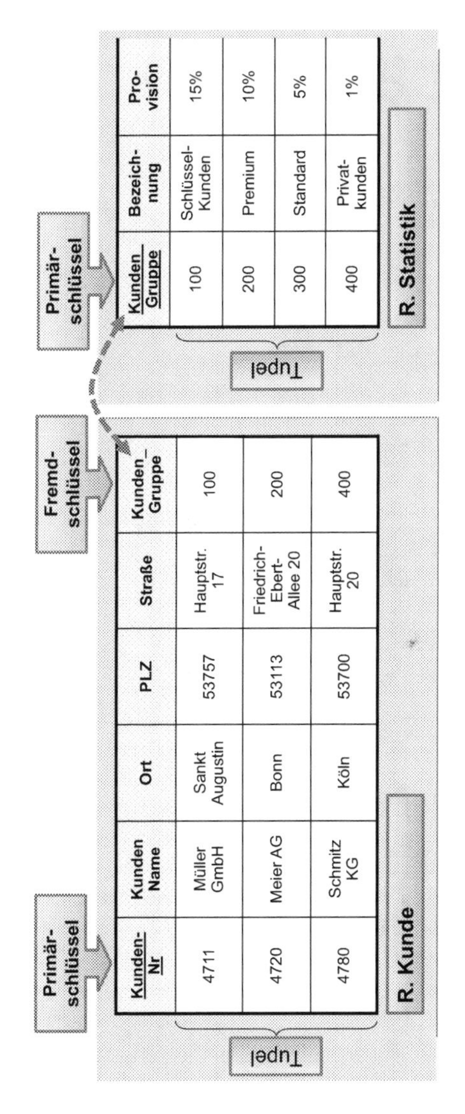

Abb. 3.3 Relationales Modell: Schlüsselbegriffe

R. Artikel

Artikel-Nr	Bezeichnung	Mengeneinheit	Preis	Währung
4711	Milch	L	0,79	EUR
4712	Kakao	KG	1,50	USD

R. ME

Mengeneinheit	Bezeichnung	Typ
KG	Kilogramm	07
L	Liter	19

R. PE

Typ	Bezeichnung
07	Gewicht
19	Flüssigkeit

R.Währung

Währung	Bezeichnung
EUR	EURO
USD	US-Dollar

Abb. 3.4 Relationales Modell: Schlüsselbegriffe Beispiel

Übungsaufgabe Betrachten Sie die Tabellen eines fiktiven Enterprise-Resource-Planning-Systems (zum Begriff vgl. z. B. Gadatsch 2017) in Abb. 3.4. Markieren Sie dort alle Primärschlüssel und Fremdschlüssel.

Lösungsvorschlag Primärschlüssel sind Artikel-Nr, Mengeneinheit, Typ und Währung. Fremdschlüssel sind: Mengeneinheit und Währung (in R.Artikel), Typ (in R.ME).

3.2 Normalisierung

Als Normalisierung werden Regeln bezeichnet, die bei der Bildung von relationalen Datenstrukturen beachtet werden sollten. Die Normalisierung der Datenstrukturen bewirkt die Elimination von Redundanzen (mehrfaches Speichern gleicher Sachverhalte) und Anomalien (unerwünschte, fehlerhafte Situationen), die beim Einfügen, Ändern oder Löschen von Daten auftreten können.

Beispiel Eine Datenbank enthält Bestellungen, Kundendaten und Artikeldaten. In einer „Bestellung" dürfen nur Artikel aufgeführt werden, für die in der Datenbank gültige Artikelnummern vorhanden sind. Wird eine Artikelnummer gelöscht, die in einer noch offenen Bestellung enthalten ist, so wird von einer Lösch-Anomalie gesprochen.

Zudem unterstützt die Normalisierung das Ermitteln von Datenstrukturen, die keine Möglichkeit bieten, einmal getroffene Annahmen hinsichtlich der Realität zu verletzen (Integrität).

Beispiel In der o. g. Datenbank sind nur Bestellungen mit gültigen Kunden- und Artikelnummern enthalten. Ein Anwendungsentwickler kann sich darauf verlassen, dass dieser Zusammenhang stets gegeben ist.

Der Normalisierungsprozess überführt eine Relation in einen Zustand, der keine der genannten Schwachpunkte aufweist. Hierzu soll das Beispiel einer nicht normalisierten Relation in Abb. 3.5 dienen.

Die Markierungspfeile zeigen Problempunkte auf. Die Relation weist nicht atomare Einträge auf (z. B. Merkel/Breitner/Ribbek bei Spieler Nr. 103) sowie wiederholende Gruppen (11 Borussia Dortmund bei Spieler Nr. 103 und Nr. 104).

1. Normalform (1NF)

Durch Elimination der wiederholenden Gruppen und Auflösung der Mehrfacheinträge ergibt sich die in Abb. 3.6 dargestellte Relation, welche sich in der 1. Normalform (1NF) befindet.

Eine 1NF-Relation weist nur atomare Attributswerte und keine wiederholenden Gruppen auf (vgl. Gehring 1993. S. 47 f.). Allerdings weist die Relation Spieler in der 1NF noch Probleme auf: Der Wohnort (Nichtschlüsselattribut) hängt von

Relation Spieler (nicht normalisiert)

S.-Nr.	Spieler-name	Wohnort	V.-Nr.	V.-Name	Beobachter-Nr.	Beobachter-Name	Note
101	Häßler	München	9	München 1860	50/51	Merkel/Breit-ner	2/5
102	Kirsten	Neuss	10	Bayer Leverkusen	52	Ribbeck	3
103	Bobic	Bochum	11	Borussia Dortmund	50/51/52	Merkel/Breit-ner/Ribbeck	3/4/3
104	Kohler	Herne	11	Borussia Dortmund	50/52	Merkel/ Ribbeck	2/3

Abb. 3.5 Relationales Modell: Relation Spieler – nicht normalisiert

Relation Spieler (in der ersten Normalform)

S.-Nr.	Spieler-name	Wohnort	V.-Nr.	V.-Name	B.-Nr.	Beobachter-Name	Note
101	Häßler	München	9	München 1860	50	Merkel	2
101	Häßler	München	9	München 1860	51	Breitner	5
102	Kirsten	Neuss	10	Bayer Leverkusen	52	Ribbeck	3
103	Bobic	Bochum	11	Borussia Dortmund	50	Merkel	3
103	Bobic	Bochum	11	Borussia Dortmund	51	Breitner	4
103	Bobic	Bochum	11	Borussia Dortmund	52	Ribbeck	3
104	Kohler	Herne	11	Borussia Dortmund	50	Merkel	2
104	Kohler	Herne	11	Borussia Dortmund	52	Ribbeck	3

Abb. 3.6 Relationales Modell: Relation Spieler in der ersten Normalform

der Spielernummer (Schlüsselattribut) ab (z. B. München von Spielernummer 101). Der Beobachtername hängt weiterhin von der Beobachternummer ab (z. B Ribbek von 52).

2. Normalform (2NF)

Zur Vermeidung dieser Problematik wird die Relation „Spieler" in drei kleinere Relationen „Spieler", „Spieler-Beobachter" und „Beobachter" aufgelöst (vgl. Abb. 3.7).

Eine 2NF-Relation ist bereits in der 1NF und jedes Nichtschlüsselattribut ist vollfunktional vom Identifikationsschlüssel abhängig (vgl. Gehring 1993. S. 47 f.).

3. Normalform (3NF)

Ein verbleibendes Problem der Relation Spieler ist die Situation, dass der Vereinsname, ein Nichtschlüsselattribut, von der Vereinsnummer, ebenfalls ein Nichtschlüsselattribut, abhängt. Dieses Problem wird durch weiteres Zerlegen der Relation gelöst. Danach liegen nur noch Relationen vor, die sich in der 3 Normalform befinden (vgl. Abb. 3.8).

Eine 3NF-Relation ist bereits in der 2NF und kein Nichtschlüsselattribut transitiv vom Identifikationsschlüssel abhängig (vgl. Gehring 1993, S. 47 f).

Relation Spieler (in der zweiten Normalform)

S.-Nr.	Spieler-name	Wohnort	V.-Nr.	V.-Name
101	Häßler	München	9	München 1860
102	Kirsten	Neuss	10	Bayer Leverkusen
103	Bobic	Bochum	11	Borussia Dortmund
104	Kohler	Herne	11	Borussia Dortmund

Relation Spieler-Beobachter

S.-Nr.	B.-Nr.	Note
101	50	2
101	51	5
102	52	3
103	50	3
103	51	4
103	52	3
104	50	2
104	52	3

Relation Beobachter

B.-Nr.	Beobachter-Name
50	Merkel
51	Breitner
52	Ribbeck

Abb. 3.7 Relationales Modell: Relation Spieler in der zweiten Normalform

Relation Spieler (in der dritten Normalform)

S.-Nr.	Spieler-name	Wohnort	V.-Nr.
101	Häßler	München	9
102	Kirsten	Neuss	10
103	Bobic	Bochum	11
104	Kohler	Herne	11

Relation Beobachter

B.-Nr.	Beobachter-Name
50	Merkel
51	Breitner
52	Ribbeck

Relation Spieler-Beobachter

S.-Nr.	B.-Nr.	Note
101	50	2
101	51	5
102	52	3
103	50	3
103	51	4
103	52	3
104	50	2
104	52	3

Relation Verein

V.-Nr.	V.-Name
9	München 1860
10	Bayer Leverkusen
11	Borussia Dortmund
11	Borussia Dortmund

Abb. 3.8 Relationales Modell: Relation Spieler in der dritten Normalform

3.3 Abbildung des ERM im relationalen Modell

3.3.1 Überblick

Abschließend wird gezeigt, wie die ERM-Elemente in das relationale Model überführt werden können:

- schwacher Entity-Typ,
- zusammengesetztes Attribut,
- mehrwertiges Attribut,
- abgeleitetes Attribut,
- Beziehungstypen (N:M, 1:N, 1:1),
- Entity-Typ vom Grad 3,
- Spezialisierung (Sub-Typen),
- uminterpretierter Beziehungstyp,
- rekursiver Beziehungstyp.

3.3.2 Schwacher Entity-Typ, zusammengesetztes Attribut

Für den starken Entity-Typen „Mitarbeiter" (vgl. Abb. 3.9) wird eine Relatio „R.Mitarbeiter" mit allen Attributen erzeugt. Zusammengesetzte Attribute könne entweder aufgelöst oder zusammengefasst dargestellt werden (R. Mitarbeiter). Fü den schwachen Entity-Typ „Angehörige" wird die Relation „R.Angehörige" erzeugt die alle eigenen Attribute und zusätzlich als Fremdschlüssel den Primärschlüssel de besitzenden „starken" Entity-Typen „Mitarbeiter" umfasst, hier also die „SVN". De vollständige Schlüssel der „R.Angehörige" ist also „Name + SVN".

Das Beispiel in Abb. 3.10 mit fiktiven Daten in Tabellenform, entspricht den Sachverhalt in Abb. 3.9.

3.3.3 Mehrwertiges Attribut

Für jedes mehrwertige Attribut werden drei Relationen erzeugt. Die erste Rela tion beschreibt den zugehörigen Entitytyp mit seinem Schlüsselattribut und de normalen einwertigen Attributen (vgl. die Relation „R.Abteilung" in Abb. 3.11) Die zweite Relation umfasst das mehrwertige Attribut selbst (vgl. die Relatio „R.Gebäude" in Abb. 3.11). Sie enthält als Primärschlüssel das mehrwertig

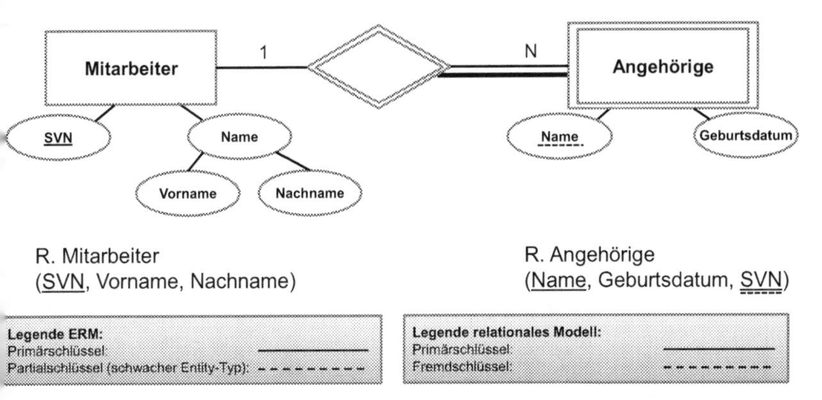

Abb. 3.9 Transformation eines schwachen Entity-Typs und eines zusammengesetzten Attributs

R. Mitarbeiter			R. Angehörige		
SVN	Vorname	Nachname	Name	Geburts-datum	SVN
4711	Max	Abel	Lisa	01.10.01	4711
4712	Dirk	Müller	Tom	01.12.02	4711
4713	Claudia	Meier	Anna	07.03.02	4713

Abb. 3.10 Transformation eines schwachen Entity-Typs und eines zusammengesetzten Attributs – Beispiel

Attribut. Eine weitere Relation umfasst den Gesamtschlüssel bestehend aus dem Fremdschlüssel der ersten und der zweiten Relation (vgl. die Relation „R.Gebäude-Abteilung" in Abb. 3.11).

3.3.4 Abgeleitetes Attribut

Abgeleitete Attribute können im Relationenmodell explizit aufgenommen werden oder auch je nach Zielvorstellung der Datenverantwortlichen entfallen (vgl. Abb. 3.12). Gründe für die Aufnahme können verbesserte Zugriffszeiten sein.

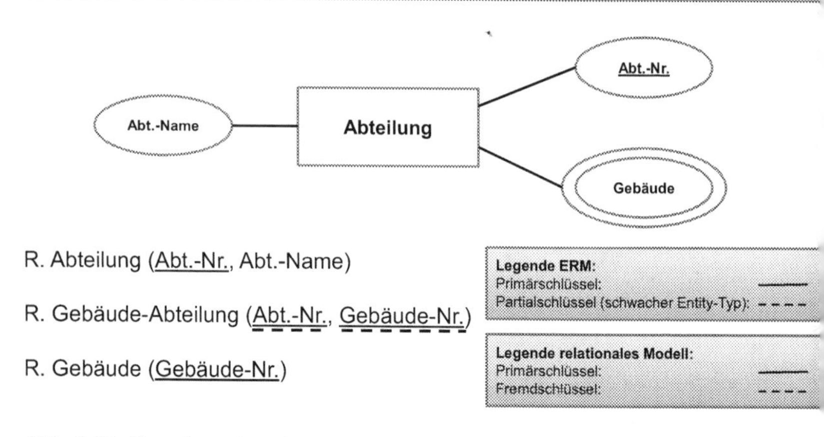

Abb. 3.11 Transformation eines mehrwertigen Attributes

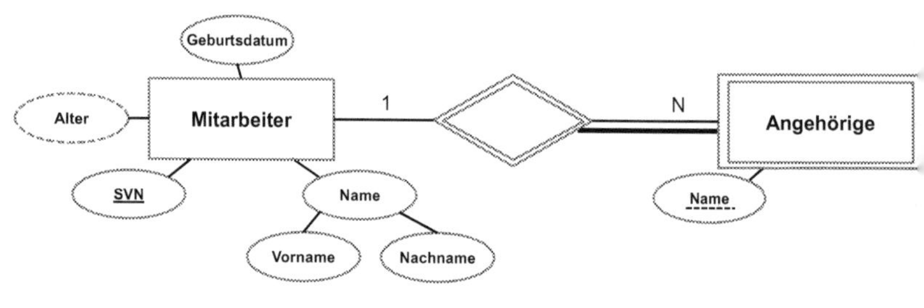

R. Mitarbeiter (SVN, Vorname, Nachname, Geburtsdatum, Alter)
oder
R. Mitarbeiter (SVN, Vorname, Nachname, Geburtsdatum)

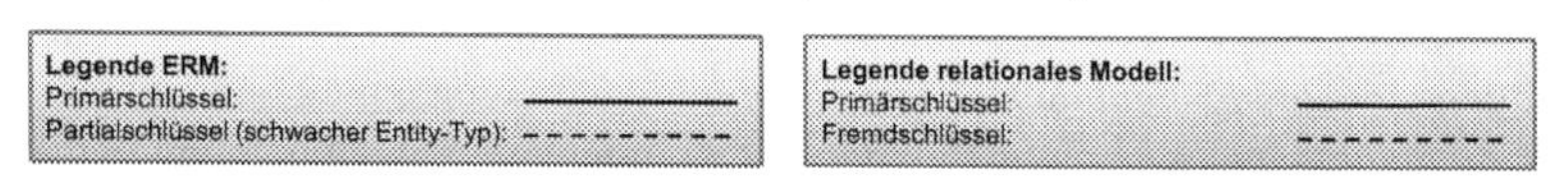

Abb. 3.12 Transformation eines abgeleiteten Attributes

Die Aufnahme des Attributes „Rechnungssumme" (errechnet aus den Rechnungspositionen) würde bei einem Unternehmen mit mehreren tausend Kunden und Rechnungen im Monat Sinn machen.

Ein Grund für die Ablehnung der Aufnahme eines Attributes könnte der Änderungsaufwand sein. Im vorliegenden Beispiel müsste die Relation täglich aktualisiert werden, um ein aktuelles „Alter" zu erhalten. Daher würde in diesem Fall eher auf die Aufnahme des Attributes Alter in der Relation verzichtet.

3.3.5 N-Beziehungstyp

Beim M:N-Beziehungstyp wird für jedes Entity eine Relation mit Primärschlüssel und allen zugehörigen Attributen erzeugt (vgl. die Relationen „R.Mitarbeiter" und „R.Projekte" in Abb. 3.13). Eine weitere Relation wird für den Beziehungstyp gebildet, der als Fremdschlüssel die Primärschlüssel der beteiligten Entity-Typen enthält (vgl. die Relation „R.arbeitet" in Abb. 3.13).

3.3.6 N-Beziehungstyp

Für einen 1:N-Beziehungstyp bestehen zwei Möglichkeiten der Transformation (vgl. Abb. 3.14). Die erste Variante entspricht der Vorgehensweise beim M:N-Beziehungstyp (vgl. Abb. 3.13 und dort die drei Relationen „R.Mitarbeiter", „R.leitet" und „R.Projekt").

In der Tab. 3.1 ist ein zum ERM in Abb. 3.14 passendes Beispiel mit fiktiven Daten dargestellt.

Weiterhin besteht die Möglichkeit, auf die dritte Relation für den Beziehungstyp zu verzichten, indem das Attribut „seit" in die Relation „R.Projekt" (also die N-Seite) integriert wird. Nur diese Variante erfüllt die 3. Normalform, da gemäß den Anforderungen des ER-Modells in Abb. 3.14 ein Projekt nur von einem Mitarbeiter geleitet werden kann. Hierzu das passende (zulässige!) Beispiel mit fiktiven Daten (Tab. 3.2).

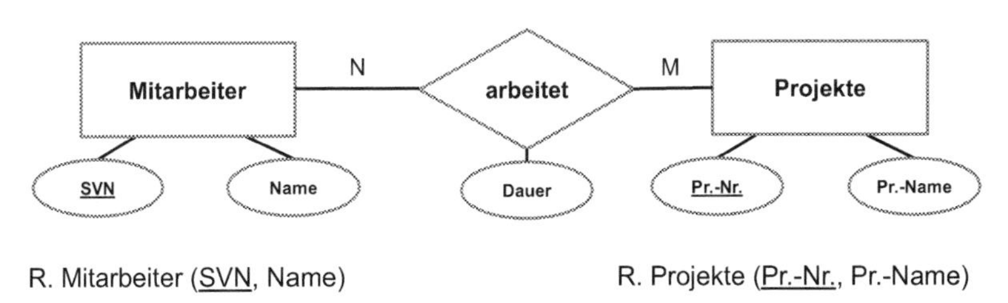

Abb. 3.13 Transformation eines M:N-Beziehungstyps

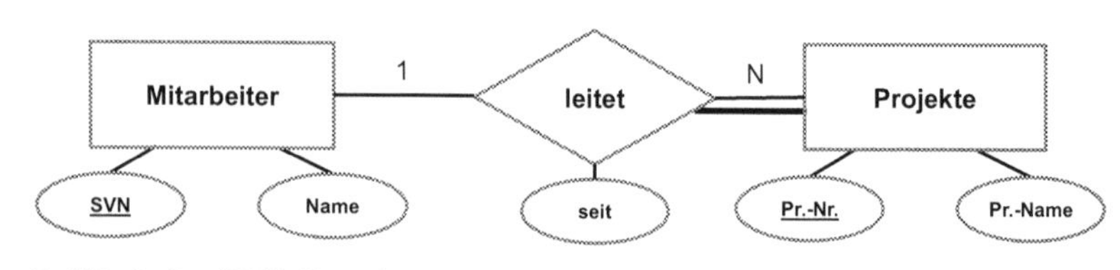

R. Mitarbeiter (SVN, Name)

R. Projekte (Pr.-Nr., Pr.-Name)

R. leitet (SVN, Pr.-Nr., seit)

Vermeidung der neuen Relation „leitet" im relationalen Modell möglich:

R. Mitarbeiter (SVN, Name, ~~Pr.-Nr., seit~~)

Diese Variante verstößt gegen 3NF, da ein Mitarbeiter mehrere (N) Projekte leiten kann.
(BSP: MA Meier hat 1, 2, 3 Projekte)

Legende ERM:
Primärschlüssel: ————————
Partialschlüssel (schwacher Entity-Typ): - - - - - - - - -

R. Projekte (Pr.-Nr., Pr.-Name, SVN, seit)

Diese Variante erfüllt 3NF, da ein Projekt von höchstens einem Mitarbeiter geleitet werden kann.

Legende relationales Modell:
Primärschlüssel: ————————
Fremdschlüssel: - - - - - - - - -

Abb. 3.14 Transformation eines 1:N-Beziehungstyps

Tab. 3.1 Beispieldaten für die ER-Transformation I

R.Mitarbeiter		R.leitet			R. Projekt	
SVN	Name	SVN	PrNr	Seit	PrNr	Pr.Name
4711	Abel	4711	1	01.01.05	1	Rationalisierung
4712	Meier	4713	2	01.01.06	2	SAP-Einführung
4713	Müller	4713	3	01.01.07	3	Inventur

Tab. 3.2 Beispieldaten für die ER-Transformation II

R.Mitarbeiter		R.Projekt			
SVN	Name	PrNr	Pr.Name	SVN	Seit
4711	Abel	1	Rationalisierung	4711	01.01.15
4712	Meier	2	SAP-Einführung	4713	01.01.16
4713	Müller	3	Inventur	4713	01.07.17

Die Integration des Attributes „seit“ in die Relation „R.Mitarbeiter“ (vgl. Abb. 3.14) ist nicht zulässig, denn diese Variante verstößt gegen die 3. Normalform. Der Grund ist, dass ein Mitarbeiter mehrere (N) Projekte leiten könnte. Das Beispiel in Tab. 3.3 zeigt den möglichen Konflikt auf. Mitarbeiter (SVN 4712) leitet zwei Projekte (PrNr. 2 und 3). Würde dies in die Relation „R.Mitarbeiter“ eingetragen, lägen nicht atomare Einträge vor (Felder mit mehreren durch „/“ getrennte Einträge).

3.3.7 1-Beziehungstyp

Die Transformation von 1:1-Beziehungstypen erfolgt nach dem bekannten Schema mit drei Wahlmöglichkeiten:

- Entwurf von drei Relationen (vgl. „R.Mitarbeiter“, „R.leitet“ und „R.Projekt“ in Abb. 3.15). Die Relationen „R.Mitarbeiter“ und „R.Projekt“ enthalten als Primärschlüssel die Schlüsselattribute aus dem ERM sowie die jeweiligen Attribute. Die Relation „R.leitet“ enthält als Fremdschlüssel die beiden Primärschlüssel der vorgenannten Relationen sowie das Attribut „seit“.
- Alternativ kann das Attribut „seit“ entweder der Relation „R.Mitarbeiter“ oder „R.Projekt“ zugeordnet werden. Da wegen der Kardinalität 1 maximal ein Tabelleneintrag möglich ist, besteht keine Gefahr der Verletzung der Normalisierungsregeln.

3.3.8 Ternäre Beziehungstypen

Die Transformation eines Beziehungstypen vom Grad 3 oder höher (ternäre Beziehung) erfolgt nach den bisher bekannten Regeln. Für jeden beteiligten Entitytypen (vgl. „Mitarbeiter“, „Projekt“, „Produkt“ in Abb. 3.16) wird eine

Tab. 3.3 Beispieldaten für die ER-Transformation III

R. Mitarbeiter				R.Projekt	
SVN	Name	PrNr	seit	PrNr	Pr.Name
4711	Abel	1	01.01.15	1	Rationalisierung
4712	Meier	2/3	01.01.16/01.07.17	2	SAP Einführung
4713	Müller			3	Inventur

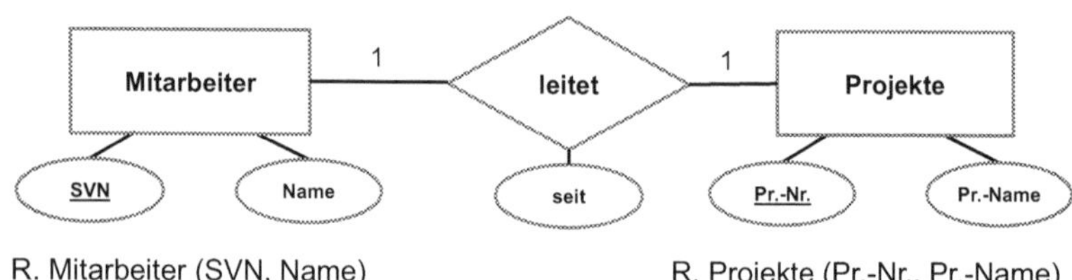

R. Mitarbeiter (<u>SVN</u>, Name) R. Projekte (<u>Pr.-Nr.</u>, Pr.-Name)

R. leitet (SVN, Pr.-Nr., seit)

Vermeidung der neuen Relation „leitet" im relationalen Modell möglich:

R. Mitarbeiter (<u>SVN</u>, Name, Pr.-Nr., seit) R. Projekte (<u>Pr.-Nr.</u>, Pr.-Name)

oder:

R. Mitarbeiter (<u>SVN</u>, Name) R. Projekte (<u>Pr.-Nr.</u>, Pr.-Name, SVN, seit)

Legende ERM:
Primärschlüssel: ————————
Partialschlüssel (schwacher Entity-Typ): - - - - - - - - -

Legende relationales Modell:
Primärschlüssel: ————————
Fremdschlüssel: - - - - - - - - -

Abb. 3.15 Transformation eines 1:1-Beziehungstyps

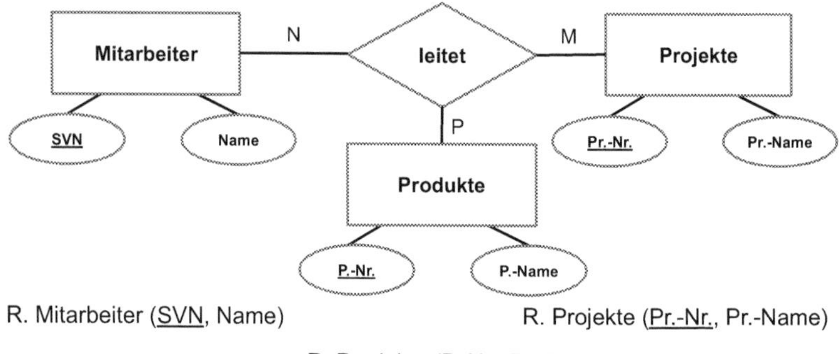

R. Mitarbeiter (<u>SVN</u>, Name) R. Projekte (<u>Pr.-Nr.</u>, Pr.-Name)

R. Produkte (<u>P.-Nr.</u>, P.-Name)

R. leitet (<u>SVN</u>, <u>Pr.-Nr.</u>, <u>P.-Nr.</u>)

Legende ERM:
Primärschlüssel: ————————
Partialschlüssel (schwacher Entity-Typ): - - - - - - - - -

Legende relationales Modell:
Primärschlüssel: ————————
Fremdschlüssel: - - - - - - - - -

Abb. 3.16 Transformation eines ternären Beziehungstyps

Relation bestehend aus Schlüsselattribut und weiteren Attributen gebildet. Die Fremdschlüssel der ternären Beziehung (hier die Beziehung „R.leitet“) sind die Primärschlüssel aller beteiligten Entitätstypen (hier „Mitarbeiter“, „Projekt“ und „Produkt“).

3.3.9 Generalisierung bzw. Spezialisierung

Bei der Transformation der Generalisierung bzw. Spezialisierung ist neben den eigenen Attributen (vgl. Abb. 3.17) der Primärschlüssel des Supertyps als Fremdschlüssel zu übernehmen.

3.3.10 Uminterpretierter Beziehungstyp

Die Abb. 3.18 zeigt ein Beispiel für die Transformation eines Entity-Relationship-Modells mit einer Uminterpretation in ein relationales Modell. Zunächst sind alle beteiligten Entitäten (Mitarbeiter, Kunde und Investition) zu übertragen, was hier aus Platzgründen nicht dargestellt ist. Anschließend ist der uminterpretierte Beziehungstyp „berät“ in die Relation „R.berät“ zu transformieren. Schließlich

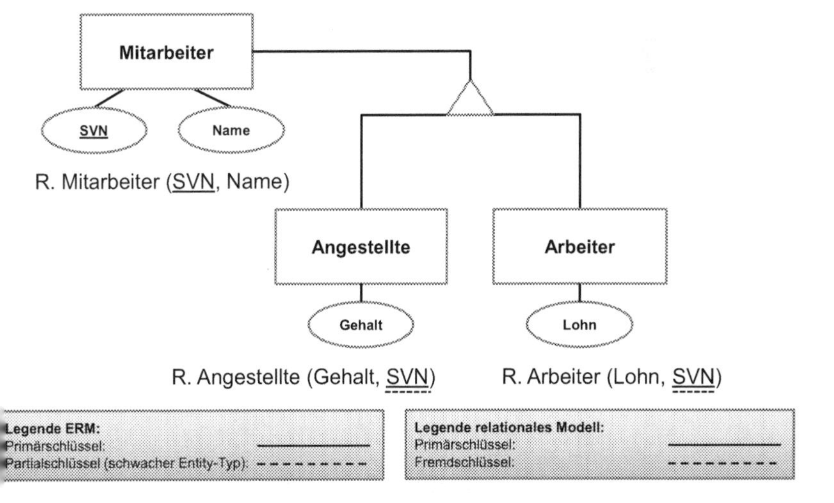

Abb. 3.17 Transformation Generalisierung bzw. Spezialisierung

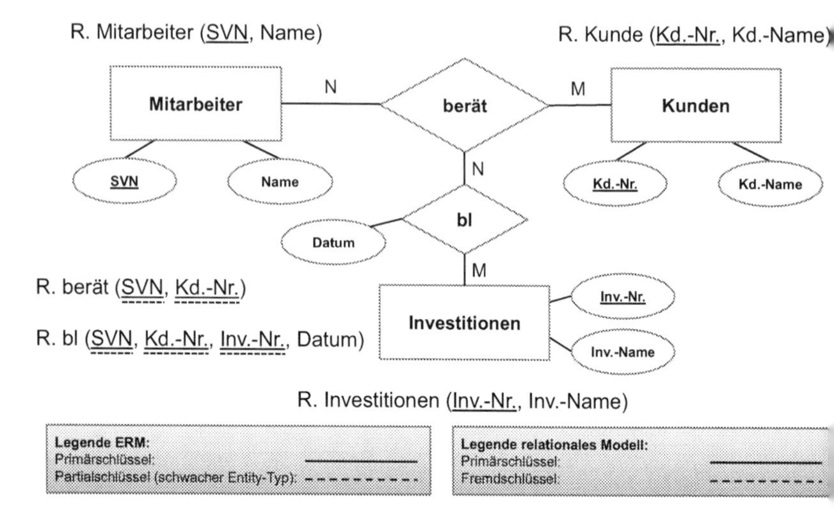

Abb. 3.18 Transformation Uminterpretation

ist noch Entity-Typ „bI" in die Relation „R.bI" zu überführen. Letzteres ist im vorliegenden Fall über alle beteiligen Primärschlüssel (SVN, KdNr, Inv.Nr) oder etwas kürzer über den künstlichen Schlüssel „Gespr.Nr." möglich.

3.3.11 Rekursiver Beziehungstyp

Bei der Transformation einer rekursiven Beziehung werden die Regeln angewendet, die bereits vorgestellt wurden.

M:N-Rekursion

In der Abb. 3.19 ist eine rekursive Beziehung vom Typ M:N dargestellt, die in ein Relationenmodell überführt wird. Die Relation ergibt eine Relation für den Entitytyp „Teil" und eine weitere Relation „Ist Teil von" zur Abbildung des Beziehungstyps „Stückliste".

N:1-Rekursion

Bei einer N:1-Rekursion wie in Abb. 3.20 bestehen zwei Möglichkeiten der Abbildung: Eine Relation für den Entitytyp „Mitarbeiter" und eine weitere Relation zur Abbildung des Entitätstypen „Unterstellung". Eine zweite Möglichkeit

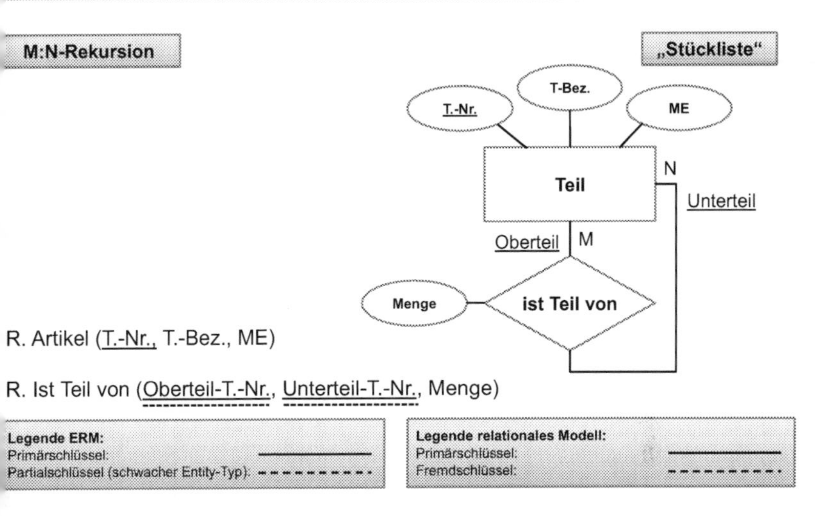

Abb. 3.19 Transformation Rekursion einer M:N-Beziehung

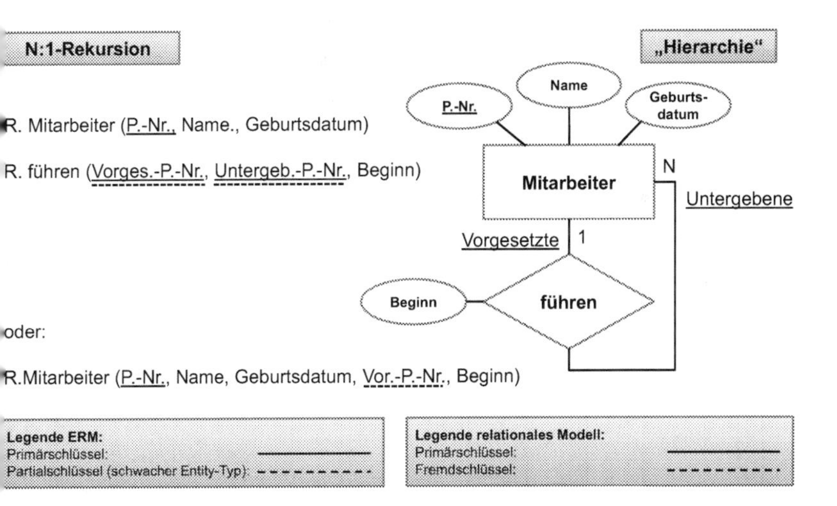

Abb. 3.20 Transformation Rekursion einer M:1-Beziehung

ergibt sich aus folgender Systematik: Da ein Mitarbeiter nur einen Vorgesetzten haben kann, kann die N:1-Relation auch in einer Tabelle verkürzt dargestellt werden, indem der Vorgesetzte eines Mitarbeiters in die Relation „Mitarbeiter" aufgenommen wird (vgl. Abb. 3.20).

3.3.12 Fallbeispiel „Autovermietung" Teil III

Zum Abschluss der Ausführungen zum relationalen Datenbankmodell soll das ERM des Fallbeispiels „Autovermietung" (vgl. Abb. 2.28) in ein relationales Modell (vgl. Abb. 3.21) unter Beachtung der Anforderungen der 3. Normalform transformiert werden.

R.Filiale	(Fi-Nr, Vorname, Nachname, Ort, Straße, Postleitzahl, Fax, Vorwahl, Telefon)
R. Angestellte	(Personal-Nr, Vorname, Nachname, Ort, Straße, Postleitzahl, Telefon, Vorwahl, Monatslohn, Fi-Nr, seit)
R.Fahrzeug	(Kfz-Zeichen, Fahrgestell-Nr, Baujahr, TÜV, Kürzel)
R.Typ	(Kürzel, Beschreibung, TK-Name)
R.Tarifklasse	(TK-Name, Km-Satz, Versicherung, Grundgebühr, Freikilometer)
R.fordert_an	(Fi-Nr, Kfz-Zeichen, Termin, Zeit, Dauer)
R.Kunde	(K-Nr, Vorname, Nachname, Straße, Postleitzahl, Ort, Vorwahl, Telefon)
R.Fahrer	(K-Nr, Fahrer-Nr, Führerschein-Nr, Führerscheindatum)
R.Abrechnung	(AB-Nr, Datum, Endbetrag)
R.Transporter	(Kfz-Zeichen, Transportvolumen)
R.PKW	(KFZ-Zeichen, Sitzplätze)
R.Zusatzausstattung	(Zusatzausstattung)
R.Zusatzausstattung-PKW	(Zusatzausstattung, KFZ-Zeichen)
R.Mietvertrag	(K-Nr, Fi-Nr, Kürzel, Abschlussdatum, Übergabedatum, Übergabezeit, RückgZeit, RückgDat, geplante_Km, Km-Anfangsstand, Km-Endstand, AB-Nr)

Falls pro Mietvertrag mehrere Abrechnungen erlaubt sind:
R.bezieht_sich_auf (K-Nr, Fi-Nr, Kürzel, AB-Nr, Km-Anfangsstand, Km-Endstand)

Abb. 3.21 Transformation des Beispiels „Autovermietung"

Wiederholungsfragen und Übungen 4

4.1 Wiederholungsfragen

Beschreiben Sie betriebliche Einsatzbereiche für die Datenmodellierung.
Erläutern Sie die Notwendigkeit der Datenmodellierung in Bezug auf die Entwicklung von Informationssystemen
Erläutern Sie den Unterschied zwischen „Entitytyp“ und „Entity“ bzw. „Entitätsmenge“ und „Entität“.
Wie lassen sich mehrwertige Attribute im ERM alternativ abbilden?
Erläutern Sie das Prinzip der „Uminterpretation“ von Beziehungstypen am Beispiel „Kundenauftrag – Auftragsposition“.
Erläutern Sie wesentliche Unterschiede der „CHEN-Notation“ im Vergleich zur „Min-Max-Notation“.

4.2 Übung zur ERM-Modellierung

Aufgabenstellung
Entwickeln Sie für den nachfolgenden Sachverhalt ein erweitertes Entity-Relationship-Diagramm (eERM) nach der klassischen „CHEN-Notation“: Sachverhalt: „Ein Bonner Unternehmen möchte ein neues Warenwirtschaftssystem einführen“. Hierzu werden die Anforderungen für den Hauptprozess „Wareneinkauf“ an das System wie folgt formuliert:

Lieferanten werden durch eine Lieferanten-Nr. identifiziert und durch Firma, Anschrift (Straße, Hausnummer, Postleitzahl, Ort), Bankverbindung, Telefonnummer (Land, Vorwahl, Hauptnummer, Durchwahl) näher beschrieben.

A. Gadatsch, *Datenmodellierung*, essentials,
https://doi.org/10.1007/978-3-658-25730-9_4

- Artikel werden durch die Artikel-Nr. identifiziert und durch Artikelbezeichnung und Materialgruppe sowie optimale Bestellmenge (wird monatlich über einen speziellen Algorithmus ermittelt) näher beschrieben.
- Artikel können bei mehreren Lieferanten bestellt werden. Lieferanten können mehrere Artikel liefern.
- Artikel können Standardartikel oder Sonderartikel sein. Standardartikel werden mit einem Standardpreis versehen und einem Lieferanten fest zugeordnet. Ein Lieferant kann mehrere Standardartikel liefern. Ein Standardartikel kann nur einem Lieferanten zugeordnet werden.
- Bestellungen werden durch Einkäufer bearbeitet, wobei ein Einkäufer mehrere Materialgruppen verantworten kann. Ein Einkäufer wird durch seine Personalnummer identifiziert und durch seinen Nachnamen näher beschrieben. Einkäufer können in der Hauptsaison Aushilfen zugeordnet bekommen, die ausschließlich für sie tätig werden. Die Aushilfen werden je Einkäufer fortlaufend nummeriert und mit Name, Eintrittsdatum und Vertragsende näher beschrieben.

Einen Lösungsvorschlag finden Sie in Abb. 4.1.

Lösungsvorschlag
Zusatzfrage zur Abb. 4.1

Wie muss das ERM-Modell geändert werden, wenn die Aushilfen für mehrere Einkäufer arbeiten sollen? Sie können die Lösung verbal erklären oder eine Modelländerung vornehmen.

Antwort
Der Schwache Entitytyp wird durch eine „normale" M:N-Beziehung und einen vollwertigen Entitytyp „Aushilfe" ersetzt.

4.3 Übung zum Relationenmodell

Aufgabenstellung
Transformieren Sie die in Abb. 4.2 dargestellten Auszüge aus ERM-Diagrammen in Relationenmodelle, die der 3. Normalform genügen und möglichst wenige Relationen umfassen.

Lösungsvorschlag
Einen Lösungsvorschlag zur Abschlussübung 2 finden Sie in Abb. 4.3.

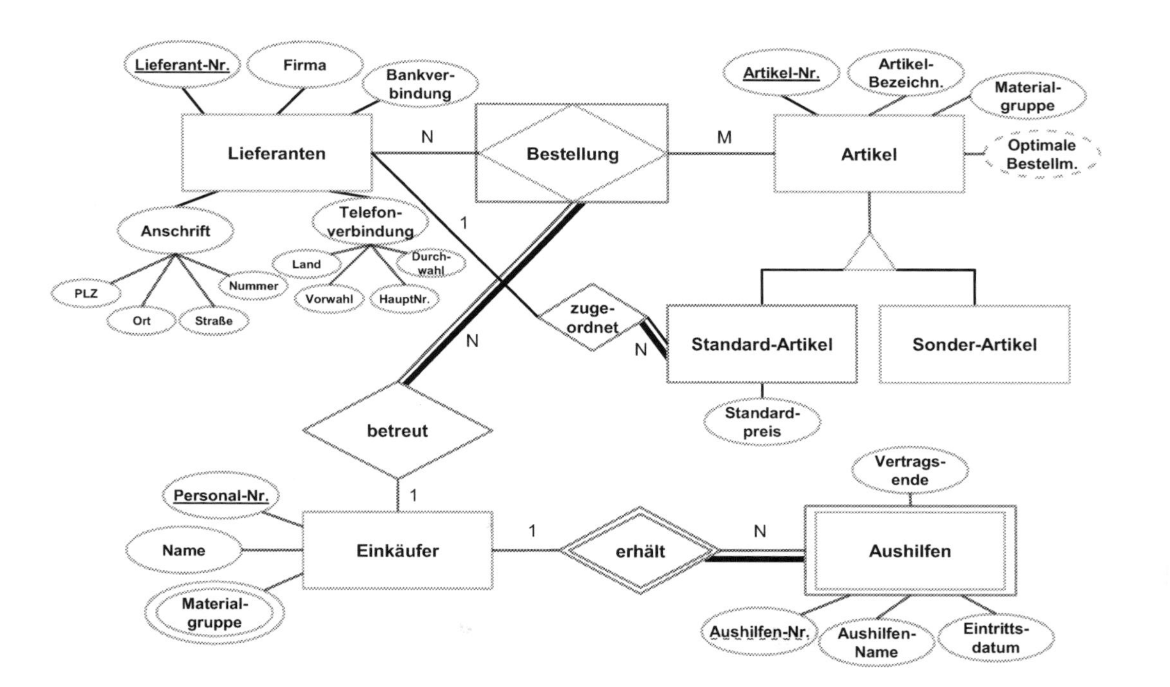

Abb. 4.1 Abschlussübung 1: Lösungsvorschlag

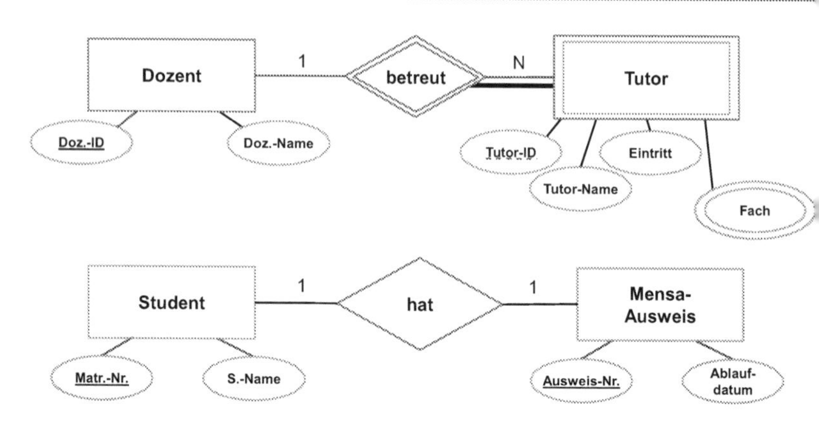

Abb. 4.2 Abschlussübung 2: Relationenmodell (Aufgabenstellung)

R.Dozent (Doz.-ID, Doz-Name)

R.Tutor (Doz.-ID, Tutor-ID ,Tutor-Name, Eintritt)

R.Fach (Fach)

R.Tutor_Fach (Doz.-ID, Tutor-ID ,Fach)

R. Student (Matr.Nr., Sname, Ausweis-Nr.)

R. Ausweis(Ausweis-Nr., Ablaufdatum)

oder

R. Student (Matr.Nr., Sname)

R. Ausweis(Ausweis-Nr., Ablaufdatum, Matr.-Nr.)

Abb. 4.3 Abschlussübung 2: Relationenmodell (Lösungsvorschlag)

Was Sie aus diesem *essential* mitnehmen können

- Erprobtes Grundlagenwissen zur Datenmodellierung
- Übungsmaterial für Ihre Vorlesung und Prüfung

A. Gadatsch, *Datenmodellierung*, essentials,
https://doi.org/10.1007/978-3-658-25730-9

Literatur

Balzert, H. (1996). *Lehrbuch der SW-Technik I*. Heidelberg: Spektrum Akademischer Verlag.

Balzert, H. (2001). *Lehrbuch der SW-Technik I* (2. Aufl.). Heidelberg: Spektrum Akademischer Verlag.

Chen, P. (1976). The entity relationship model – Towards a unified view of data. *ACM Transactions on Database Systems, 1*(1), 9–36.

Codd, E. F. (1976). A relational model of data for large shared data banks. *Communications of the ACM, 13*(6), 377–387.

Elmasri, R. (2009). *Grundlagen von Datenbanksystemen* (3. Aufl.). München: Pearson Studium.

Elmasri, R., & Navathe, S. (2002). *Grundlagen von Datenbanksystemen* (2. Aufl.). München: Pearson Studium.

Gadatsch, A. (2017). *Grundkurs Geschäftsprozessmanagement* (8. Aufl.). Wiesbaden: Springer Vieweg.

Gehring, H. (1993). *Datenbanksysteme, Kurseinheit 2, Logische Datenorganisation*. Hagen: FernUniversität Hagen.

Grothe, M., & Gentsch, P. (2000). *Business Intelligence – Aus Informationen Wettbewerbsvorteile gewinnen*. München: Addison-Wesley.

Kleuker, S. (2006). *Kompakte Einführung in die Datenbankentwicklung*. Wiesbaden: Springer Vieweg.

Scheer, A.-W. (2001). *ARIS – Modellierungsmethoden, Metamodelle, Anwendungen* (4. Aufl.). Berlin: Springer.

Seubert, M., Schäfer, T., Schorr, M., & Wagner, J. (1976). Praxisorientierte Datenmodellierung mit der SAP-SERM-Methode. *EMISA Forum, 4*(2), 71–79.

Spitta, T., & Bick, M. (2008). *Informationswirtschaft* (2. Aufl.). Wiesbaden: Springer.

A. Gadatsch, *Datenmodellierung*, essentials,
https://doi.org/10.1007/978-3-658-25730-9

Printed in the United States
By Bookmasters